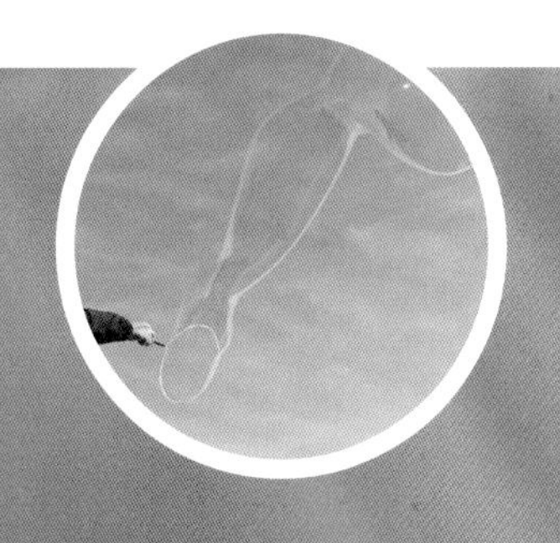

発見がいっぱい！

科学の実験

監修◉秋山幸也

成美堂出版

「実験」と聞くと、いろいろ準備をして、たくさんの道具を使って、などたいへんと考える人も多いでしょう。でも難しく考えることはありません。必要なのは「何で？」という好奇心です。実験とはこの好奇心を満たすことです。

もちろん「何で？」と思えるようになるまでには、ある程度の知識や経験も必要です。この本は、「何で？」と思えるようになるためのたくさんのヒントを散りばめて作りました。はじめのうちは「楽しそう」や「きれい」「かっこいい」といった動機で実験を始めるのもいいでしょう。でもさまざまな実験をくり返すうちに、やがて「なぜ？」「どうして？」といった疑問が出てくるはずです。そうしたら、とにかく解決のために思いつくことをやってみて、わかったこと、わからなかったことを整理してみましょう。

　すると、きっと日常生活で触れるさまざまなものに対しても好奇心が芽生えてくると思います。こうなったらしめたもの。「何がふしぎなのか」「どうやったら謎が解けるか」を考え、実験する前にできれば結果を予想しましょう。そして、実験をして自分なりの答えを出します。この流れは実験というより、もはや研究です。

　さまざまな実験をくり返して疑問を解決できれば、ほら、あなたはもう立派な研究者です。

相模原市立博物館
秋山幸也

実験をしていると、うまくいかないことがたくさん出てきます。そのときにどうしたらうまくいくのかを考え、工夫することも実験の一部といえるかもしれません。この本では、なるべく再現性が高く、失敗しにくい実験を選んで掲載しています。それでもうまくいかないときはあるでしょう。もし、お子さまがこの本を読んで実験をし、苦戦していたとしても、なるべく手を出さずに見守ってあげてください。実験がなかなかうまくいかないときこそ「工夫をするチャンス」です。

「言われたことや教科書に書かれていることを確実にこなせる」ということももちろん重要なスキルです。しかし、そこからはなかなか工夫は生まれません。実験を通して身につけた工夫をする思考は、日常生活のさまざまな場面できっと役に立つはずです。その思考を大切に育んでください。

とはいえ、実験では刃物などの鋭利なものや火、薬品など、一歩間違えれば危険になりうるものも扱います。そのため、お子さまだけで実験をさせることは避け、必ず見守るようにしてください。

最後に、ここで紹介した実験は大人でも夢中になれます。お子さまの自主性を尊重しつつ、一緒に実験をしてみるのもいいでしょう。その際、答えを教えるのではなく、一緒に考え、工夫をするという姿勢が重要です。お子さまと議論をすればさらに「工夫」は深まっていくはずです。また、純粋に体験を分かち合うという行為はお子さまの記憶に深く刻まれることでしょう。この本がそのような親子の時間の一助となれば幸いです。

はじめに ･･････････ 2
おうちの方(かた)へ ･･････････ 4
この本(ほん)の使(つか)い方(かた) ･･････････ 10
実験(じっけん)を始(はじ)める前(まえ)に ･･････････ 12
基本(きほん)の道具(どうぐ) ･･････････ 16

第(だい)1章(しょう)　家(いえ)の中(なか)で実験(じっけん)

偏光板(へんこうばん)のオーロラ ･･････････ 20
水中(すいちゅう)シャボン玉(だま) ･･････････ 24
虹色(にじいろ)の雲(くも) ･･････････ 28
風船(ふうせん)ホバークラフト ･･････････ 32
お手軽(てがる)グライダー ･･････････ 36

カラフルキャンドル …… 40

キラキラの写真 …… 44

おどる人形 …… 48

コーヒーフィルターの花 …… 52

塩の宝石 …… 56

宝石貝がら …… 60

虫めがねのカメラ …… 64

光を７色に分ける …… 68

モールのアメンボ …… 72

手作り万華鏡 …… 76

磁石のモーター …… 80

コラム　家の中のふしぎを探す …… 84

第2章　外で実験

スーパーボールロケット …… 88
浮き上がるコップ …… 92
虹を作る …… 96
手作り花火 …… 100
巨大シャボン玉 …… 104
ソーラークッカー …… 108
コラム　外のふしぎを探す …… 112

第3章 生きもの・植物で実験

野菜ロケット …… 116
テントウムシのシーソー …… 120
メダカをあやつる …… 124
色が変わる水 …… 128
色の変わる花 …… 132
タマネギの皮の染物 …… 136
まん丸水滴 …… 140
スケスケ卵 …… 144
コラム 生きもの・植物のふしぎを探す …… 148

おわりに …… 150
用語事典 …… 152
さくいん …… 157

この本の使い方

この本では、1つの実験を4ページ使って紹介しています。実験のやり方や注意点をしっかりと読んで、安全に楽しく実験をしてみましょう。

大きな写真

各実験の冒頭では、大きな写真で実験の内容を紹介しています。パラパラとページをめくりながら、気になった写真の実験を見てみましょう。

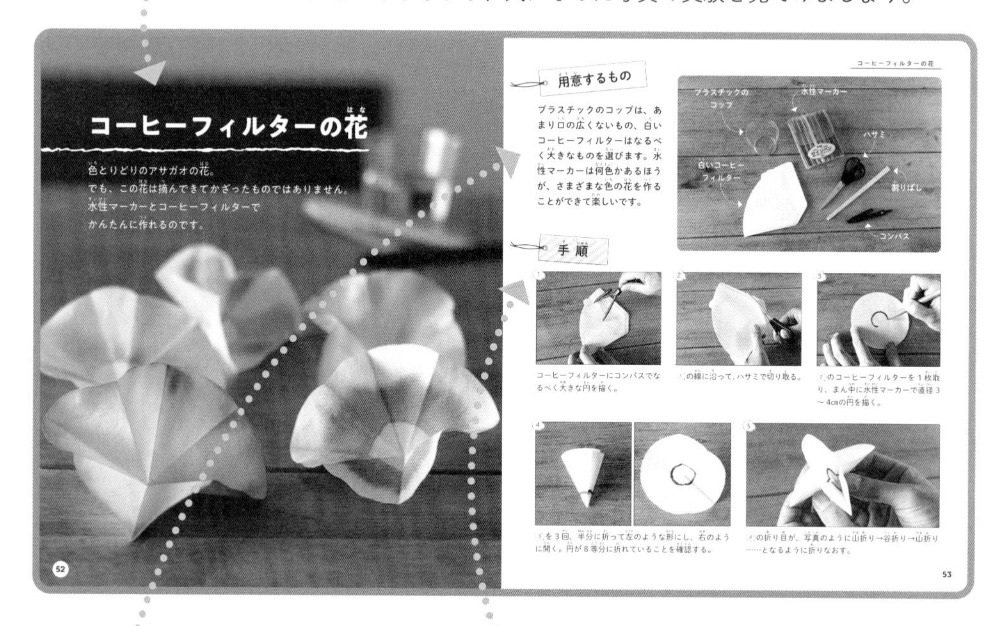

用意するもの

実験で使う材料や道具を紹介しています。用意するときの注意点も書いてあるので、よく読んでから準備を始めましょう。

手　順

実験のやり方を写真とともに紹介しています。よく読んで順番通りに実験してみましょう。難しい場合は、大人の人にてつだってもらいましょう。

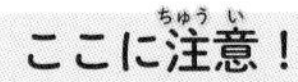

ここに注意！

実験で失敗しやすいポイントや、危険なポイントを紹介しています。実験をする前に、かならず読むようにしましょう。

どうしてそうなるの？

実験で起こるふしぎな現象などが、なぜ起こるのかを、イラストを使って、やさしく説明しています。

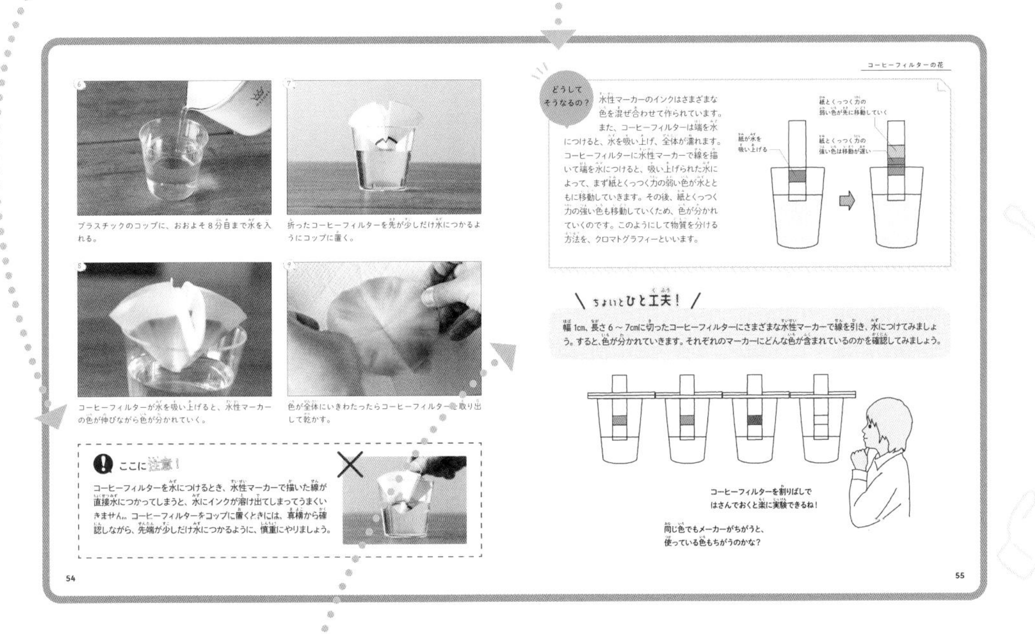

コーヒーフィルターの花

プラスチックのコップに、おおよそ8分目まで水を入れる。

折ったコーヒーフィルターを先が少しだけ水につかるようにコップに置く。

コーヒーフィルターが水を吸い上げると、水性マーカーの色が伸びながら色が分かれていく。

色が全体にいきわたったらコーヒーフィルターを取り出して乾かす。

ここに注意！

コーヒーフィルターを水につけるとき、水性マーカーで描いた線が直接水につかってしまうと、水にインクが溶け出てしまってうまくいきません。コーヒーフィルターをコップに置くときには、真横から確認しながら、先端が少しだけ水につかるように、慎重にやりましょう。

どうしてそうなるの？

水性マーカーのインクはさまざまな色を混ぜ合わせて作られています。また、コーヒーフィルターは端を水につけると、水を吸い上げ、全体が濡れます。コーヒーフィルターに水性マーカーで線を描いて端を水につけると、吸い上げられた水によって、まず紙とくっつく力の弱い色が水とともに移動していきます。その後、紙とくっつく力の強い色も移動していくため、色が分かれていくのです。このようにして物質を分ける方法を、クロマトグラフィーといいます。

ちょいとひと工夫！

幅1cm、長さ6～7cmに切ったコーヒーフィルターにさまざまな水性マーカーで線を引き、水につけてみましょう。すると、色が分かれていきます。それぞれのマーカーにどんな色が含まれているのかを確認してみましょう。

54

55

ちょいとひと工夫！

紹介した実験に関連して、もう一歩踏み込んでできる実験などを紹介しています。また、ここで紹介している以外にも、もっと工夫ができるかもしれません。いろいろなことを試してみると、さらによいでしょう。

実験を始める前に

実験では、道具の使い方ややり方をまちがえると、自分やほかの人を危険にさらしてしまうことがあります。ここに書いてある注意点をしっかり読み、かならず大人の人と一緒に実験をするようにしましょう。

刃物を使うときには

刃物はさまざまなものを切るのに便利ですが、正しくあつかわないと、ケガをしてしまいます。

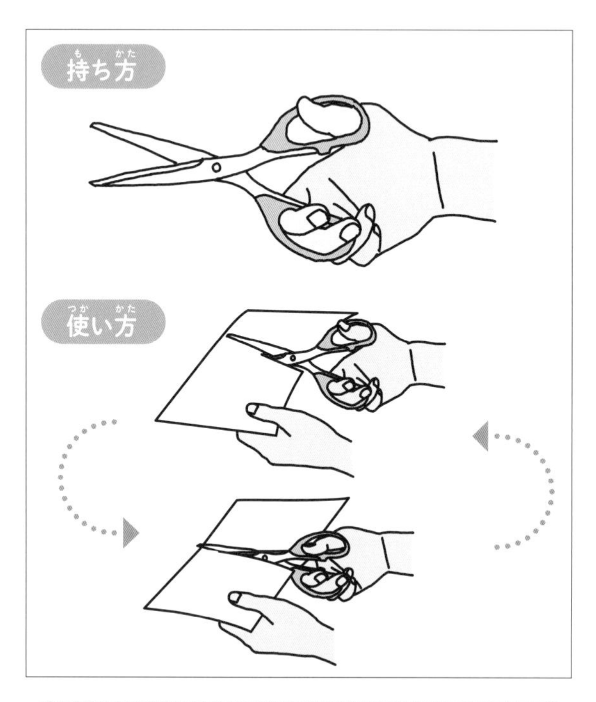

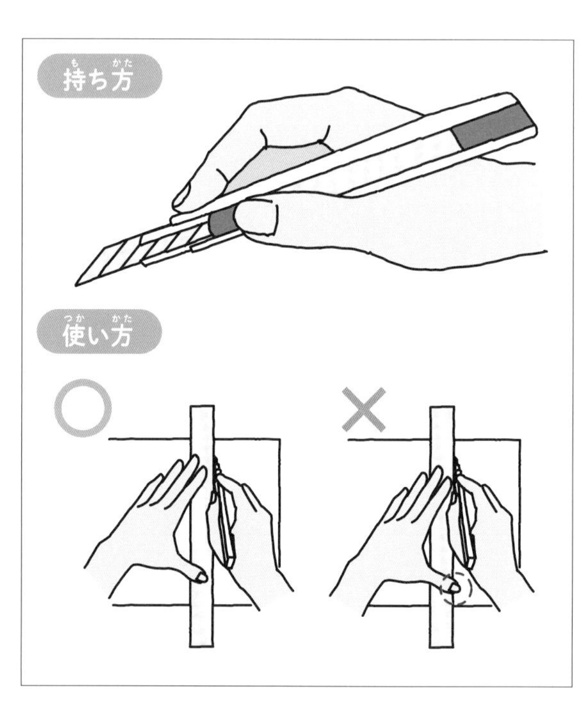

ハサミの使い方

おもに紙やポリ袋のようにうすいものを切るのに使います。正しく持ち、刃の部分が閉じたり開いたりするように動かすことで切り進めます。厚いものやかたいものを無理にハサミで切ろうとするとケガの原因となったり、ハサミがこわれたりするので、やめましょう。

カッターの使い方

おもに紙などのうすいものや厚紙などを切るのに使います。かならず切るものの下にカッターマットをしき、ゆっくりと手前に引いて切りましょう。カッターを持っていないほうの手を切らないように注意します。厚いものを切るときには一度ではなく、何度か刃を通します。

火を使うときには

火は湯をわかしたり、料理を作ったりするときに使いますが、きちんとあつかわないとやけどの原因になります。

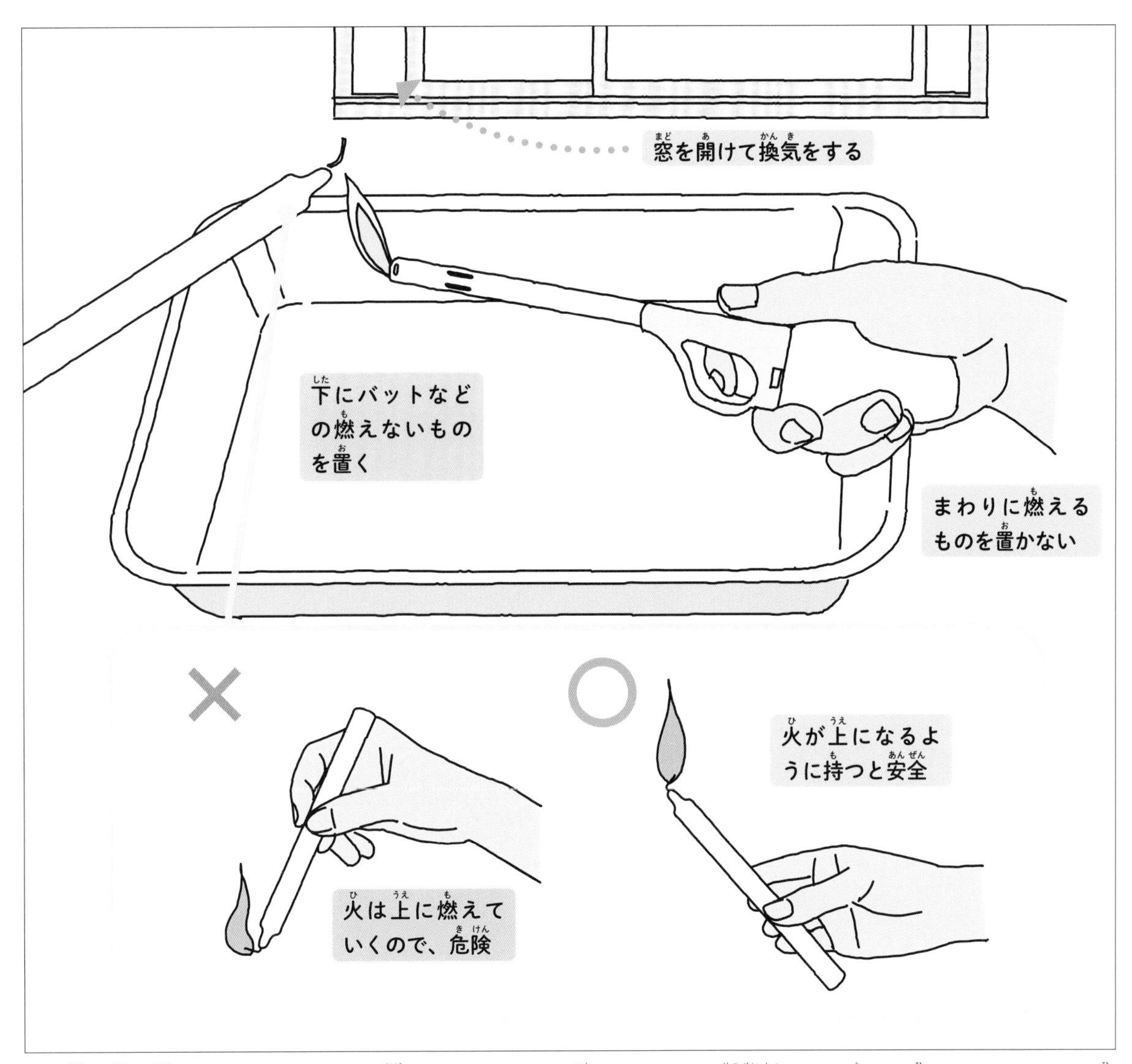

この本で火を使うときには、ノズルの長いガスライターを使っています。説明書をよく読んで火をつけましょう。火をあつかうときには、窓を開けて換気をし、まわりに燃えるものを置かないようにします。また、火は上に燃え広がるので、火がついたものの持ち方も注意しましょう。

薬品を使うときには

薬品や洗剤などの中には、危険なものもあります。危険とわかっているものはもちろん、危険かどうかわからないものも慎重にあつかいましょう。

薬品をあつかうときには、肌や目に薬品がつかないよう、ゴム手袋やゴーグルをつけます。それでも薬品がついてしまった場合には、大量の水で流したあと、少しでも不安があれば病院でみてもらいましょう。また、薬品同士は混ぜると危険なものもあるため、むやみに混ぜないようにします。

安全に実験するためには、実験をする前に危険なものはないかなど周囲をよく確認するようにしましょう。

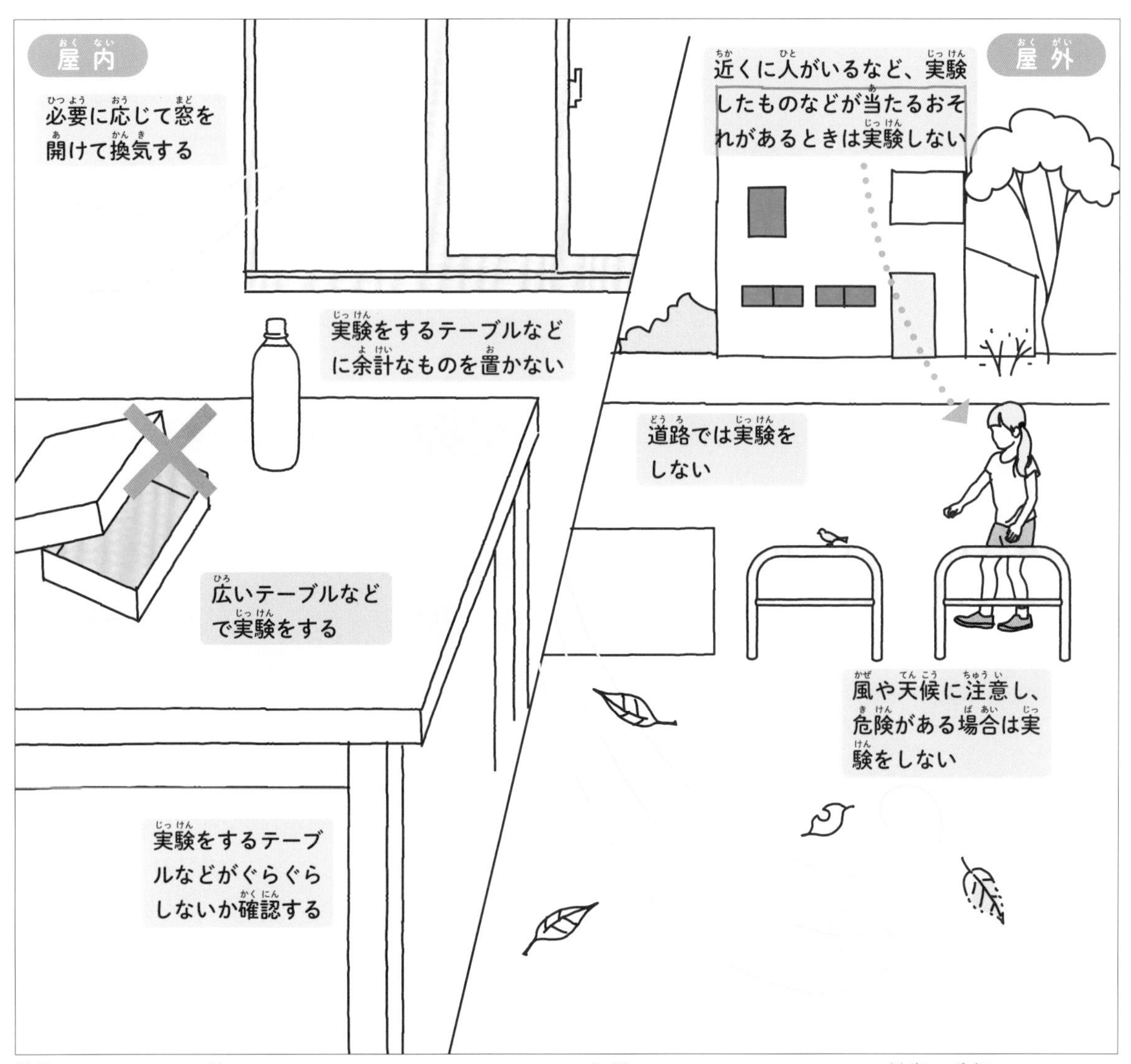

屋内では、きれいに片づいた、ぐらつかないテーブルなどで実験をするようにしましょう。屋外の場合は、まわりに人がいないこと、風や天候などが安全に実験できる状態であることを確認してからやるようにしましょう。人や車がいなくても道路で実験をしてはいけません。

基本の道具

ここでは、実験に使う道具の中でも、さまざまな実験に共通して使う基本的なものを紹介します。それぞれの実験のページにある「用意するもの」を確認してから、道具をそろえるようにしましょう。

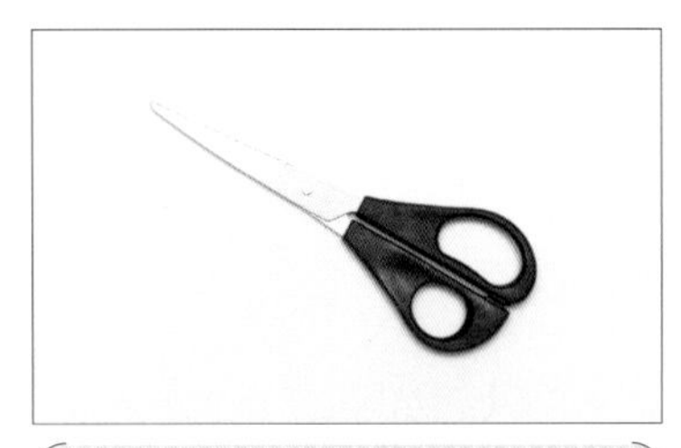

ハサミ

紙などのうすいものを切るのに使う。

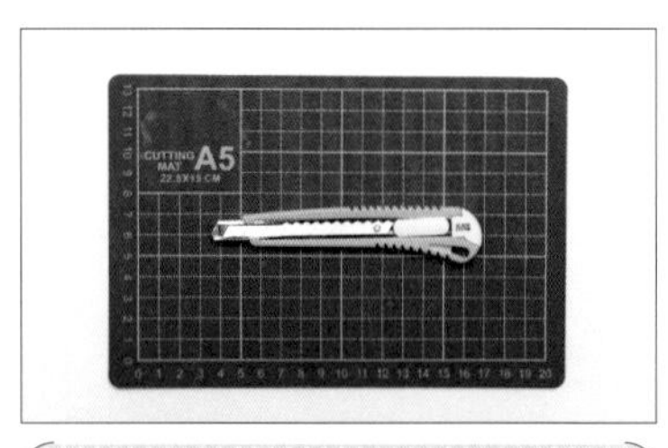

カッター・カッターボード

うすいものからやや厚いものまでを切るのに使う。

テープ類

さまざまなものをとめるのに使う。用途に合わせて多くの種類がある。

接着剤

ものをはりつけるのに使う。はりつけるものに合わせて種類がある。

ペンチ

かたいものを曲げたりするときに使う。さまざまな形のものがある。

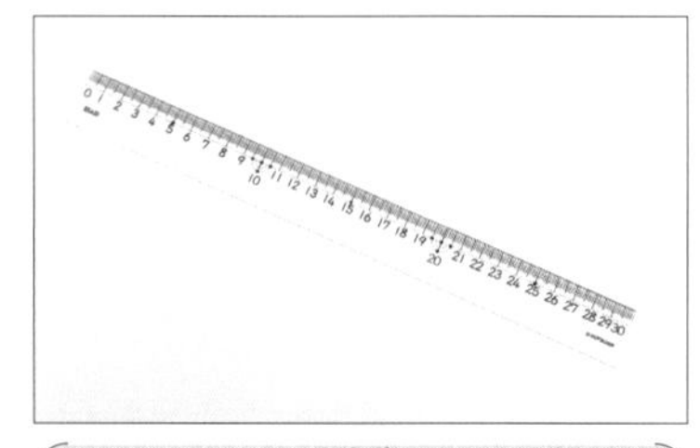

定規

長さをはかったり、まっすぐな線を引いたりするときに使う。

ハンドドリル

ものに穴をあけるのに使う。さまざまな太さの刃がある。

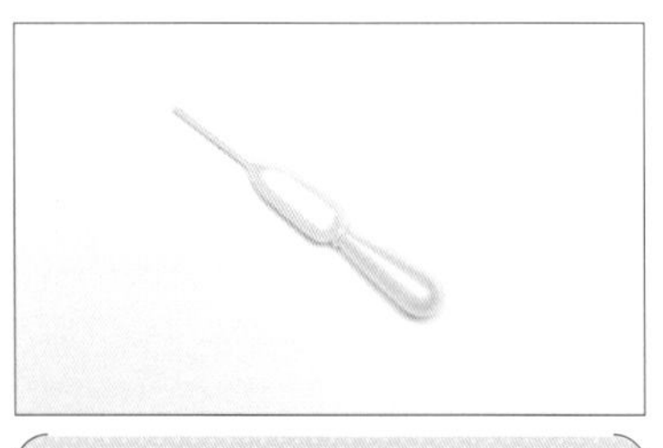

スポイト

液体を吸い上げて、ほかの容器に移すときなどに使う。

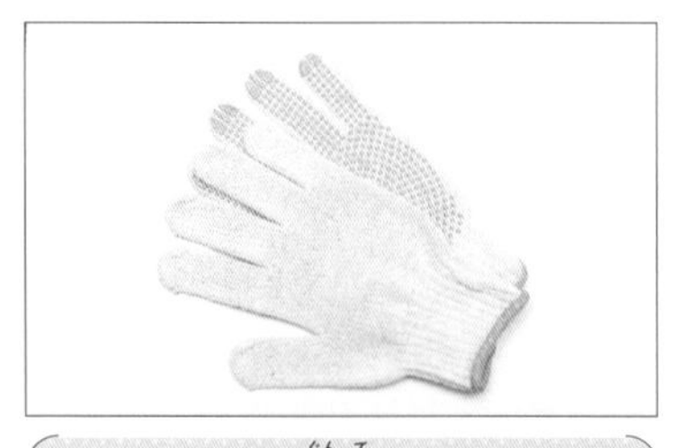

軍手

とがったものをあつかうときなどに手につけて使う。

道具や材料を買うには

この本で紹介している道具や材料は、基本的にはホームセンターや100円ショップで買うことができます。目的のものがお店で売られていない場合は、インターネットでも購入することができます。

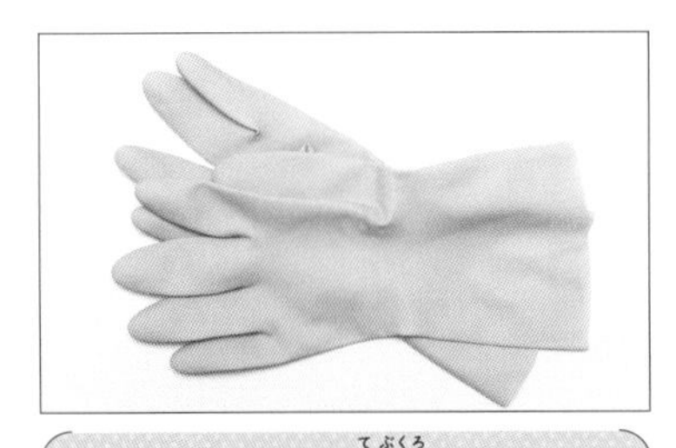

ゴム手袋

薬品などの液体がつかないように手につけて使う。

ゴーグル

薬品などが目に入らないように目につけて使う。

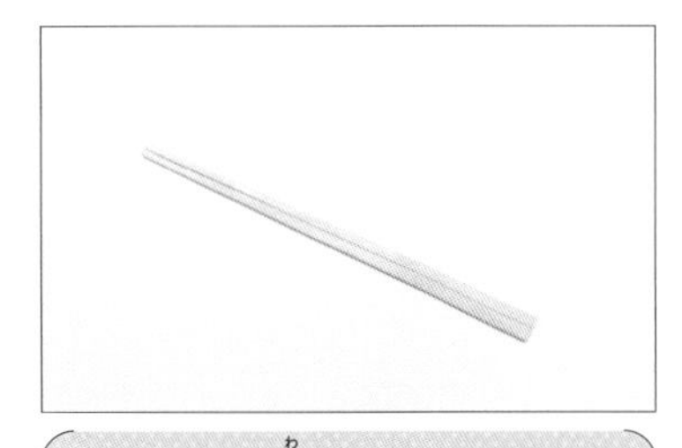

割りばし

液体の中からものを取り出したりなど、さまざまな場面で使う。

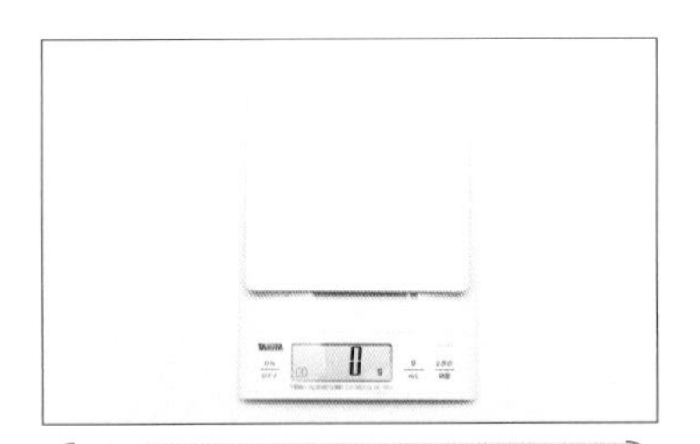

キッチンスケール

ものの重さをはかるときに使う。

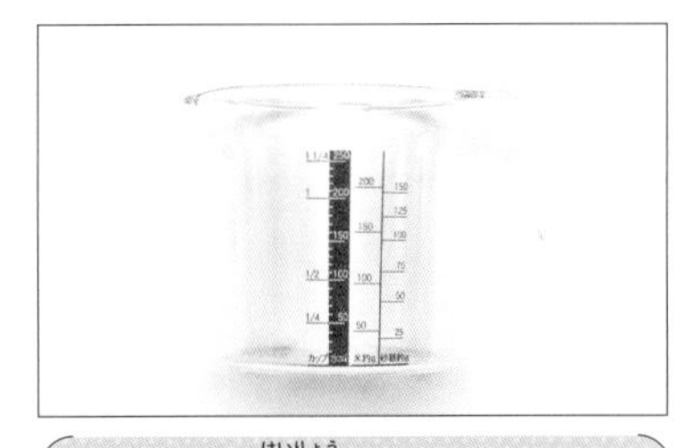

計量カップ

液体の量をはかるときに使う。

大さじ・小さじ

液体や粉状のものの量をはかるときに使う。

タコ糸

ものをしばって固定したりするときに使う。

針金

ものに巻きつけて固定したりなど、さまざまな場面で使う。

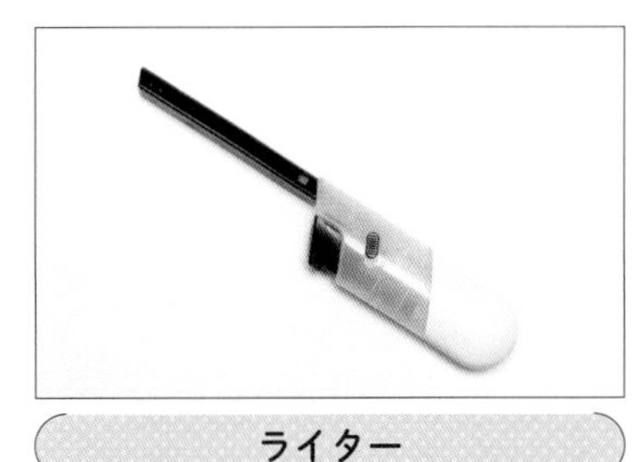

ライター

火をつけるのに使う。さまざまな形のものがある。

第章

家の中で実験

この章では、家の中でできる実験の
やり方を紹介します。
身近なもので起こるふしぎな現象。
自分の手で作り出して、
じっくり観察してみましょう。

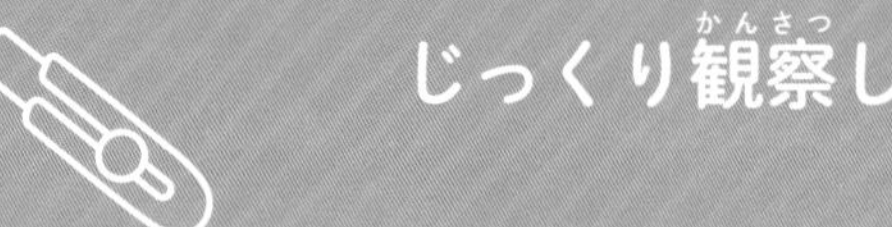

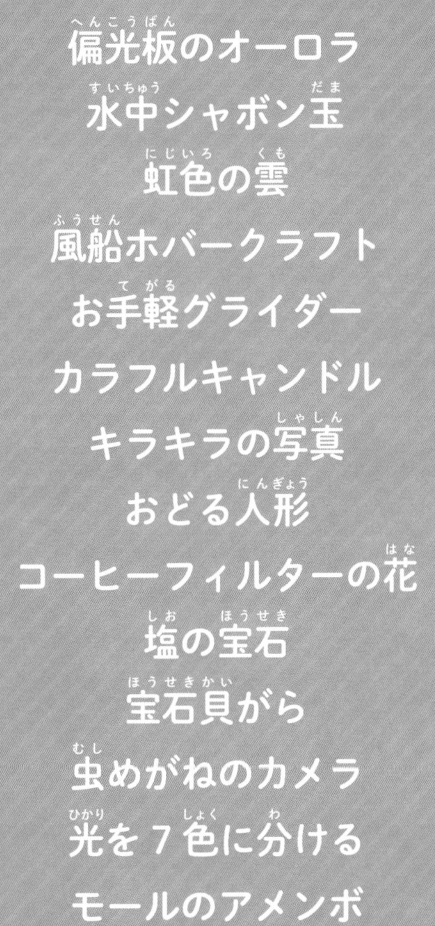

偏光板のオーローラ

水中シャボン玉

虹色の雲

風船ホバークラフト

お手軽グライダー

カラフルキャンドル

キラキラの写真

おどる人形

コーヒーフィルターの花

塩の宝石

宝石貝がら

虫めがねのカメラ

光を７色に分ける

モールのアメンボ

手作り万華鏡

磁石のモーター

偏光板のオーロラ

スマートフォンの上に透明の容器と黒っぽいシート。
そして、そのシートには……!?
何やら、ふしぎなオーロラのようなもようが見えます。
これはいったい何なのでしょうか。

用意するもの

偏光板はホームセンターやインターネットなどで購入できます。スマートフォンの代わりにタブレットを使用することもできます。「透明なもの」は、家にあるさまざまなものを試してみましょう。

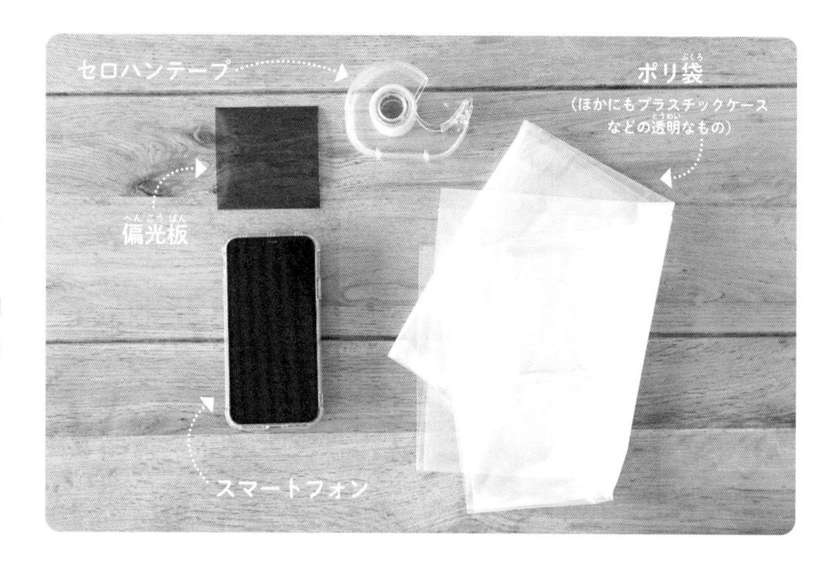

手 順

1

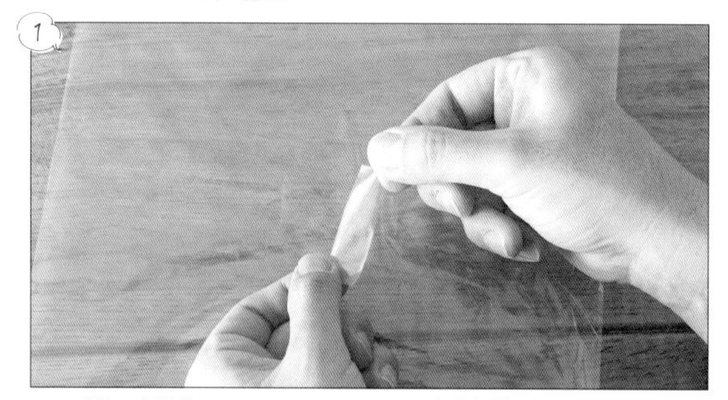

ポリ袋の中央にセロハンテープを十字型になるようにはる。

2

スマートフォンの画面が白くなるように、メモ帳などの機能を開く。

3

画面を白くしたスマートフォンに偏光板を重ねるとオーロラのようなもようが見える。

4

①のポリ袋をスマートフォンの上にのせ、偏光板を通してのぞき込む。

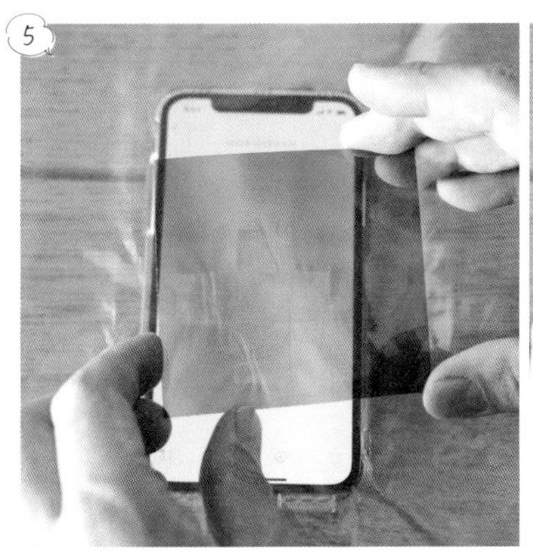

偏光板を通してみると、厚さの変わっている部分（セロハンテープの部分）のもようがくっきり見え、偏光板を回転させると、もようの見え方が変わる。

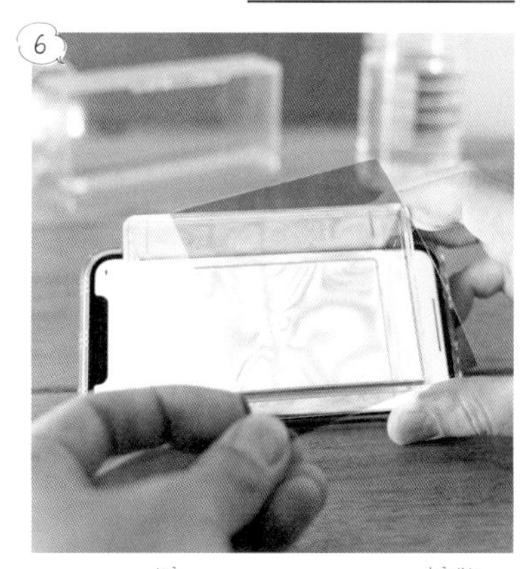

ほかにも家にあるさまざまな透明なものをスマートフォンの上に置いて偏光板でのぞき込んでみよう。

どうしてそうなるの？

光はさまざまな向きにゆれる波として空気中を伝わりますが、スマートフォンからは特定の方向にゆれる光（偏光光）が出ています。偏光板には、光の波のうち特定の方向にゆれる波だけが通過できるという特性があります。偏光光が偏光板を通過できると色が見え、オーロラのような色になります。

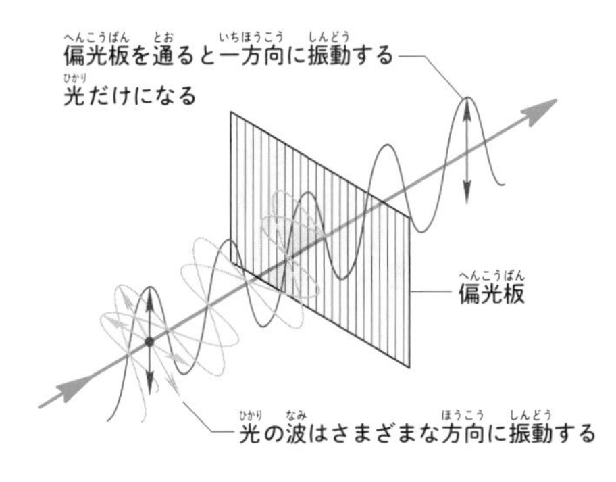

ちょいとひと工夫！

さまざまな光は、偏光板を通ることで偏光光になります。そのため、偏光板が２枚あればスマートフォンがなくても実験をすることができます。

２枚の偏光板で透明なものをはさんで、手前の偏光板を回転させるよ。

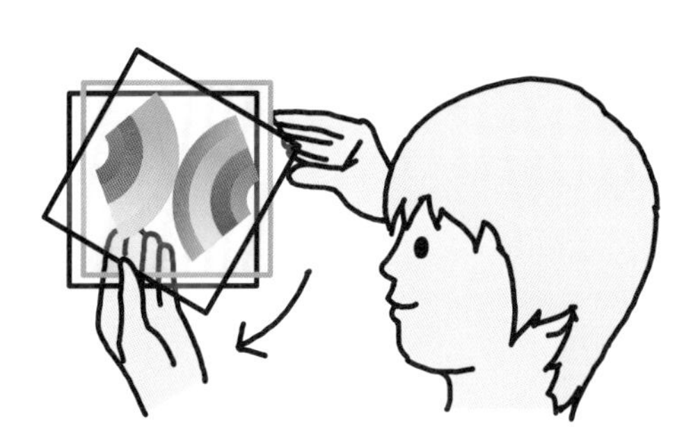

水中シャボン玉

水の中にただよう、
透明なフワフワ。
これはいったい何？
じつはこれは空気の玉。
水中にシャボン玉が
できているのです。

用意するもの

スポイトは食器用洗剤の量をはかるときに使いますが、なくても実験ができます。プラスチックのコップは4～5個あるといろいろな色のシャボン玉作りを同時に試すことができます。

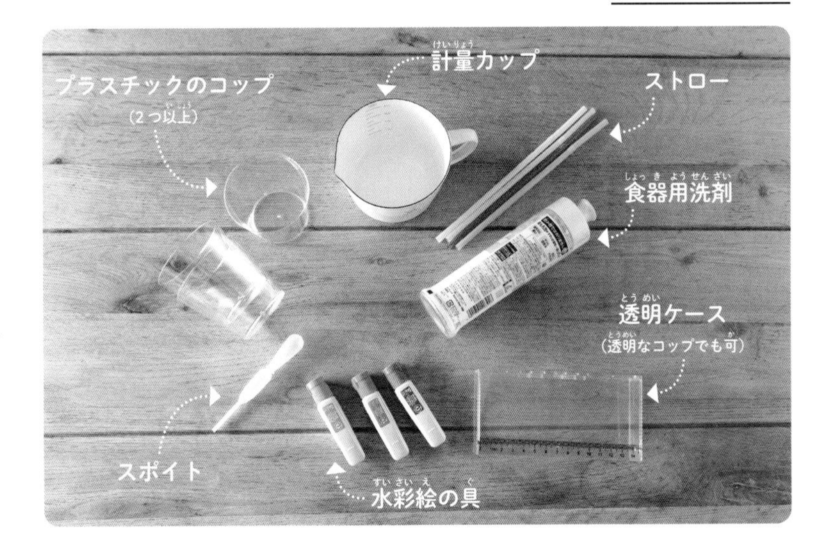

手順

1

計量カップで水を200mLはかる。

2

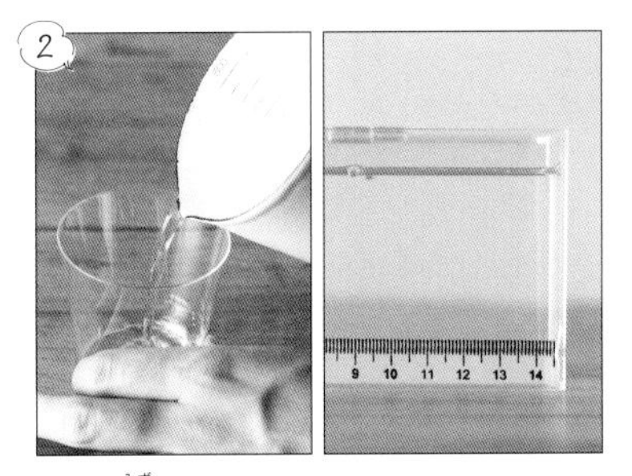

①の水をプラスチックのコップと透明ケースに100mLずつ入れる。

3

別のプラスチックのコップに食器用洗剤を入れる。

4

③の食器用洗剤をスポイトで吸う。

5

②のプラスチックのコップと透明ケースの水にスポイトの洗剤を5滴ずつたらす。

6

⑤をそれぞれストローでよくかき混ぜる。

7

⑥のプラスチックのコップにストローを１～2㎝ほど入れ、上側を親指で押さえる。

8

⑥の透明ケースの中に、高さや落とし方を変えて⑦の液を落とす。うまくいかなければ①～⑥にもどり、洗剤の量を１滴ずつ減らしたり増やしたりして試す。

9

⑧が成功したら、水彩絵の具を入れた水で⑥の液を作り、同じように実験をする。

10

うまくいくと絵の具の色のついたシャボン玉ができる。

ここに注意！

洗剤液や水が泡立ってしまうと、実験がうまくいかないことがあります。洗剤液を混ぜるときや、水に洗剤液を落とすときにはなるべく泡立たないように気をつけましょう。
もし泡立ってしまった場合には、泡が消えるまで少し待ちます。

どうしてそうなるの？

目には見えませんが、水はとても小さな粒でできていて、その粒は引っ張り合っています。この力を表面張力といいます。洗剤液ではなく、ふつうの水を水に落としても、表面張力の力で玉がこわれてしまうので、水中シャボン玉はできません。

一方、洗剤（界面活性剤）には表面張力を弱める働きがあります。そのため、洗剤液がストローから落ちた瞬間にできる玉がこわれず、水中シャボン玉ができるのです。

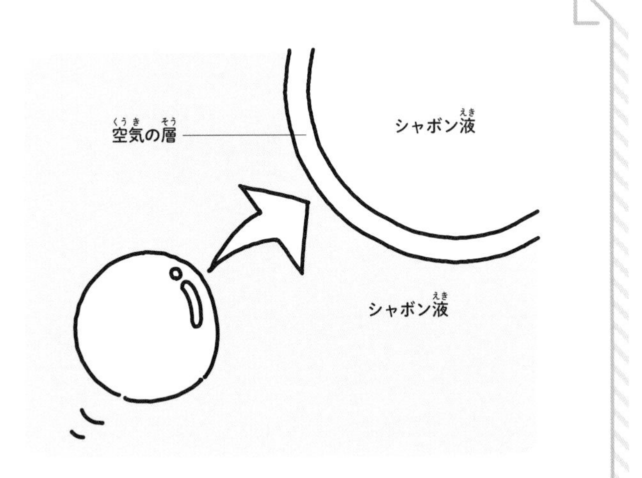

ちょいとひと工夫！

水中シャボン玉は、シャボン液を落とす高さが変わると、できやすくなったり、できにくくなったりします。さまざまな高さから落としてみて、水中シャボン玉ができやすい高さを探してみましょう。

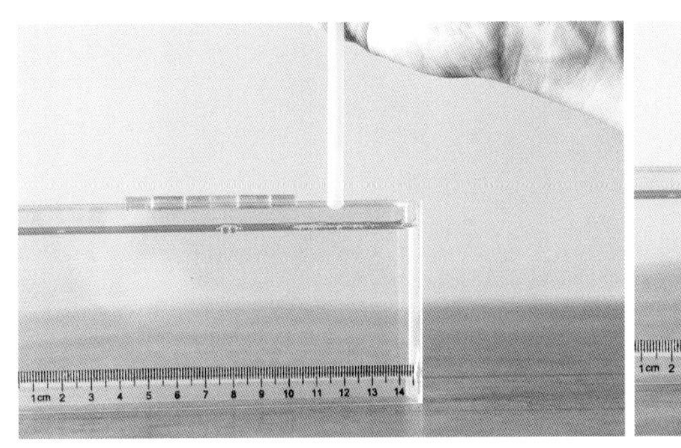

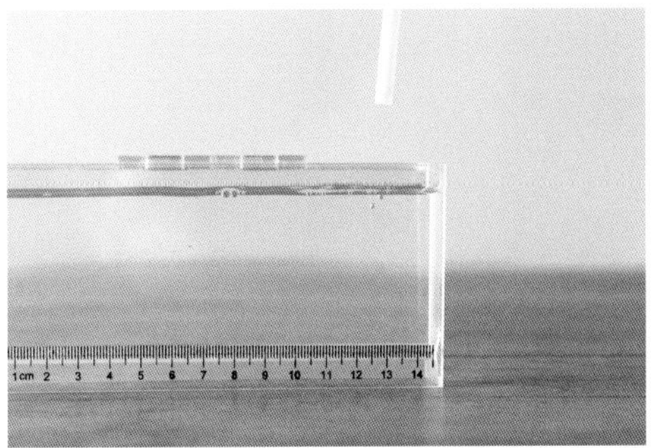

高さを変えてシャボン液を 10 回ずつ落として、それぞれ何回成功するか数えてみよう。シャボン液を落とす高さと成功回数を表にまとめると、結果がわかりやすくなるね！

ペットボトルの中に雲。
しかもよく見ると、
あわく虹色に光っています。
どうして虹色になるのでしょうか。

用意するもの

フィズキーパーは、炭酸飲料の炭酸が抜けないように、ペットボトルに空気を入れるポンプで、100円ショップなどで買えます。500mLのペットボトルは、かならず炭酸飲料のものを使いましょう。炭酸飲料以外のペットボトルを使うと破裂してしまうことがあります。

手順

1 ペットボトルに少しだけ水を入れる。

2 線香に火をつける。

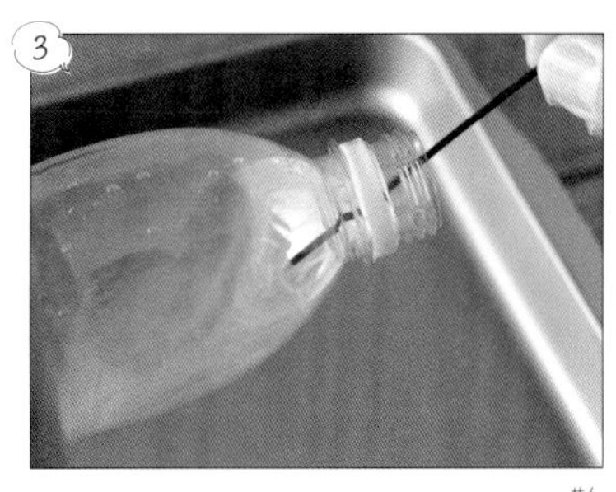
3 ①のペットボトルをかたむけ、線香の煙を10秒ほど入れる。

4 ③のペットボトルにフィズキーパーをつけ、振る。

5 フィズキーパーのポンプを押し、ペットボトルに空気を入れる。

6 空気がパンパンに入ってからフィズキーパーをゆるめると、ペットボトルの中に雲ができる。

7

黒いガムテープを直径5cmくらいの円形に切り、ペットボトルにはりつける。

8

ペットボトルから1mくらいはなしたところに懐中電灯を置き、光らせる。懐中電灯の反対側からペットボトルを見て、懐中電灯の光が黒いガムテープで隠れているかを確認する。

9

もう一度①〜⑥を行い、雲ができたらすぐに⑧の位置にペットボトルを置いて懐中電灯を光らせると、雲が虹色に見える。

どうしてそうなるの？

フィズキーパーのポンプを押して空気を入れ、パンパンになったペットボトルの空気を抜くと、ペットボトル内の温度が一気に下がります。すると、ペットボトルの中の線香の煙のつぶに目には見えない水蒸気がくっついて水のつぶがたくさんでき、雲ができます。
また、そこに懐中電灯の光が当たると、水のつぶによって光が曲げられて進むことで、色が変わって見えます。
これは、虹と同じ原理です。

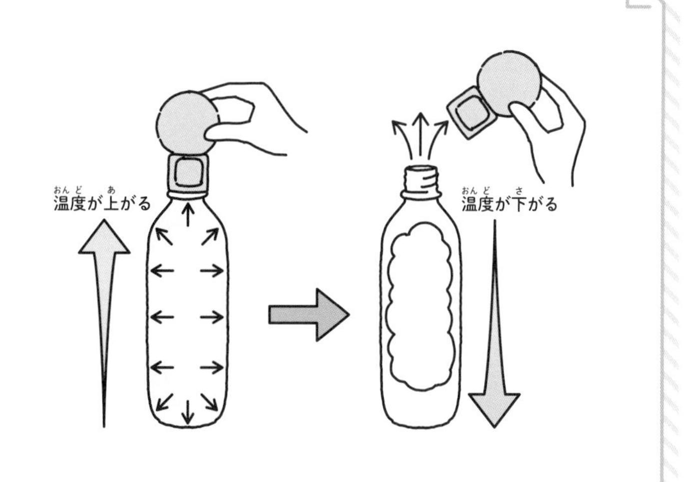

ちょいとひと工夫！

今回実験で作り出した虹色の雲と同じものが本物の雲でも見られることがあり、彩雲といいます。太陽のすぐそばにうすい雲がかかっているときに、その雲をよく見てみましょう。太陽だけでなく、明るい月でも同じように見えることがあります。

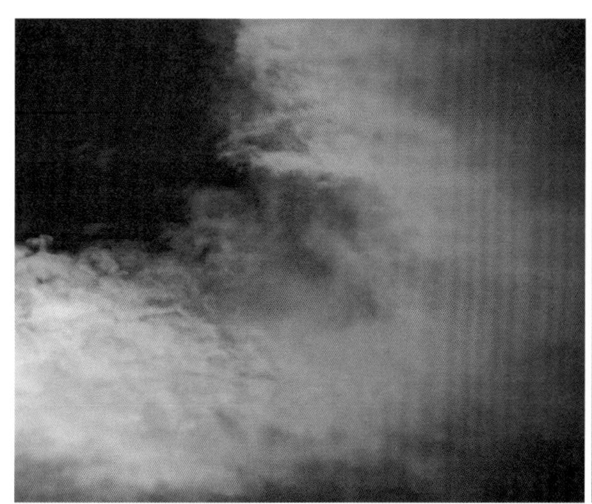

風船ホバークラフト

風船とCDと紙コップが、
まるで氷の上をすべっているように
すーっと進んでいきます。
なぜ、机の上でこんなになめらかに動くのでしょうか。

用意するもの

CDは、使わなくなったものを用意します。DVDやブルーレイディスクでも実験できます。ストローは太さ6mmほどの細すぎないものにしましょう。風船やストローの色を変えていくつか作っても楽しいです。

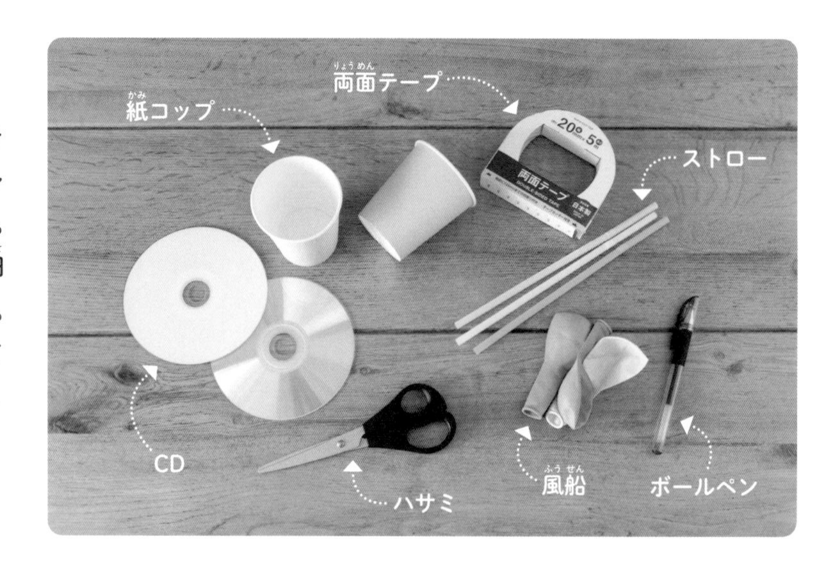

手順

1 紙コップの底のまん中に、ストローがぴったり入る穴をボールペンであける。

2 ①の紙コップの内側上部に両面テープをぐるっと一周はりつける。

3 ②の紙コップのふちを切り取る。

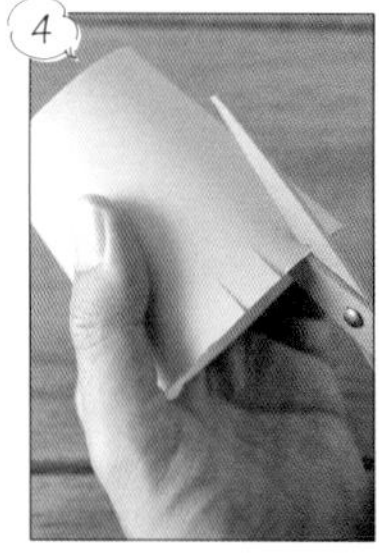

4 ③の口に1cmほどの切り込みをぐるっと一周入れ、起こす。

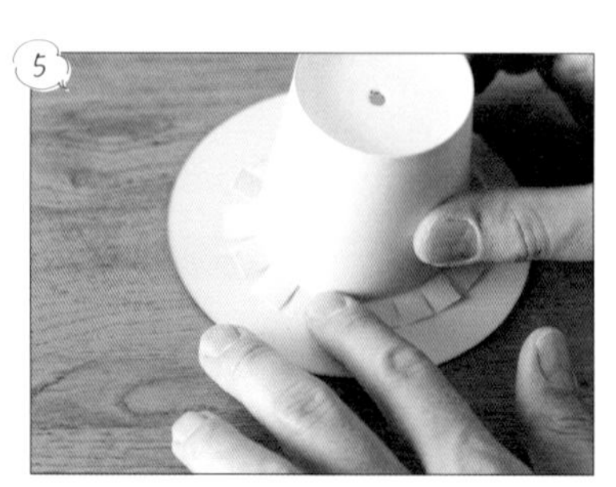

5 ④をCDにはりつける。

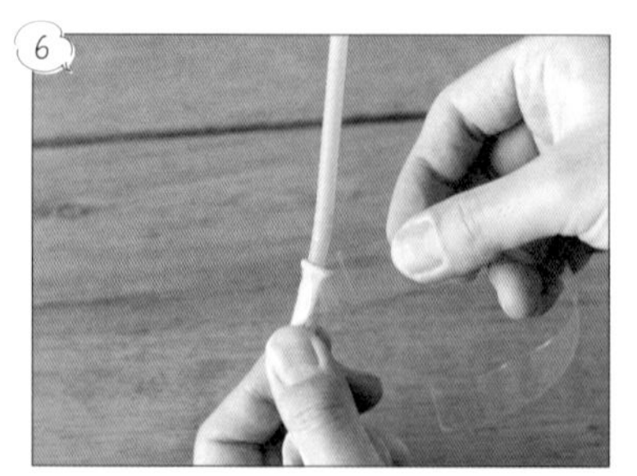

6 15cmほどに切ったストローを風船の口にさし、セロハンテープなどで風船を固定する。

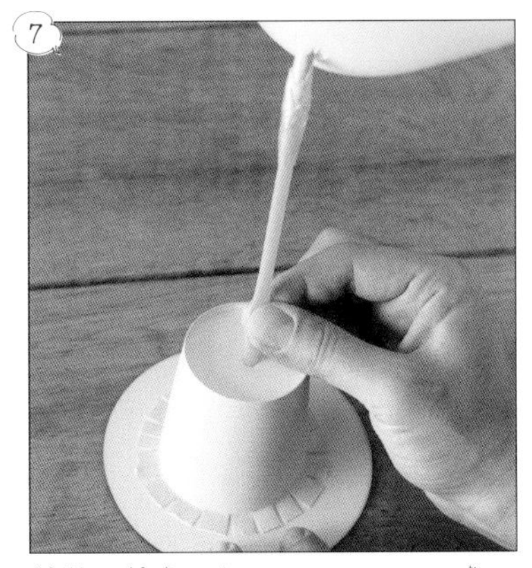

7 風船に空気を入れ、ストローを押さえて空気がもれないようにしながら、5の穴にストローをさす。

8 静かに押すと、すーっと進んでいく。

どうしてそうなるの？

空気の入った風船からは、空気がいきおいよくふき出し、その空気がCDの穴からふき出ることで全体が少し浮いた状態になります。すると、床などにこすれることがなくなるため、すーっと進むようになります。これを利用しているのがホバークラフト（下写真）という乗りものです。水の上も陸上も走ることができます。

ちょいとひと工夫！

作ったホバークラフトの紙コップに下のイラストのように穴をあけると進み方が変わります。ほかにも進み方を変えるにはどうしたらいいでしょうか。穴の大きさや向きを変えたりしてみましょう。

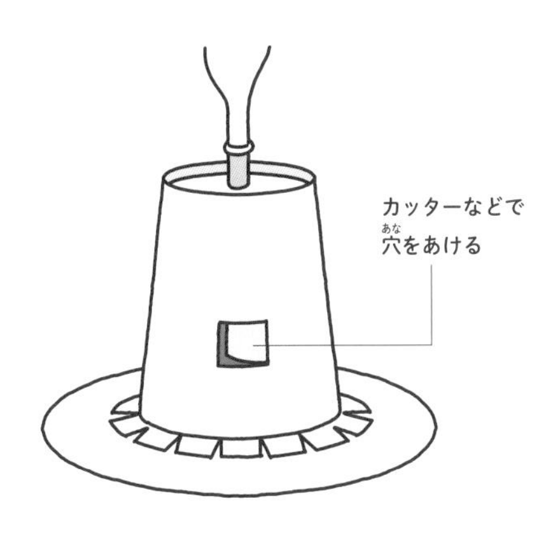

お手軽グライダー

まるでただの紙きれのようなグライダー。
ずいぶんかんたんな作りですが、
どうやって飛ぶのでしょうか。
実際に作って試してみましょう。

用意するもの

梱包用のクッション材はガラスなどの割れやすいものをつつむうすいもので、少し波うったものを使います。セロハンテープの代わりにビニールテープやガムテープを使うこともできます。

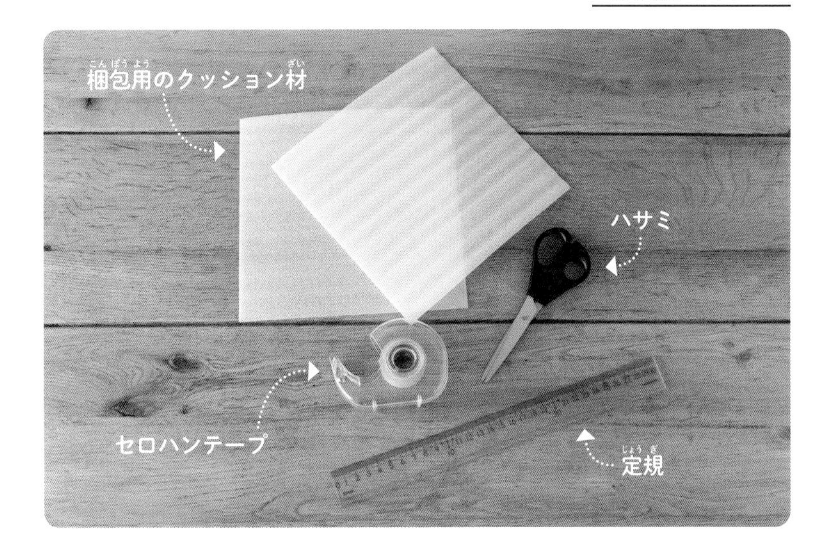

手順

①クッション材を一辺20cmの正方形になるようにハサミで切る。

②①を半分に折って、幅10cmにする。

③②を折ったままハサミで切って、④のような形にする。

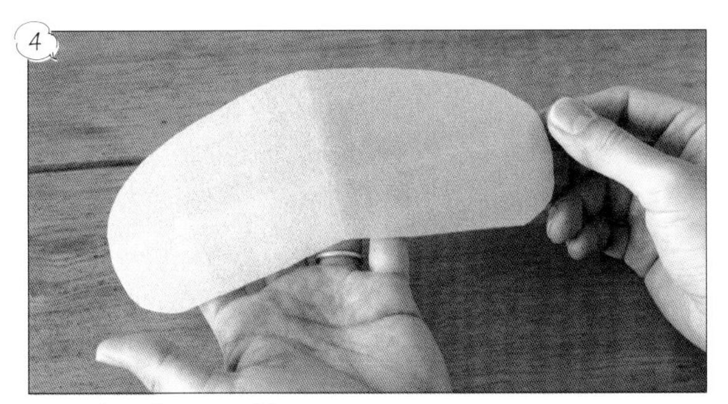

④③を切り終わって開いたところ。

⑤④の中央のやや前方に、2～3cmに切ったセロハンテープを5枚ほど重ねてはりつける。

⑥
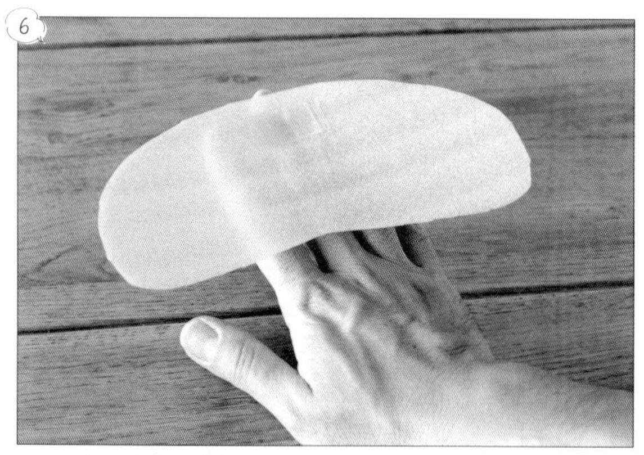
⑤を手の甲側の指にのせる。

⑦

⑥の手をそのまま上に上げる。

⑧
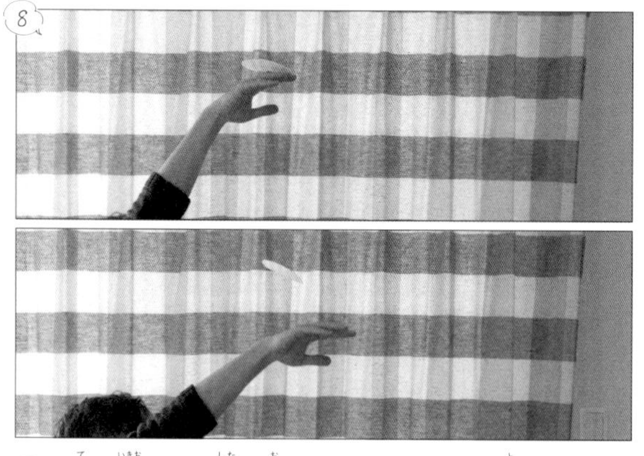
⑦の手を勢いよく下に下ろすとグライダーが飛んでいく。

⑨
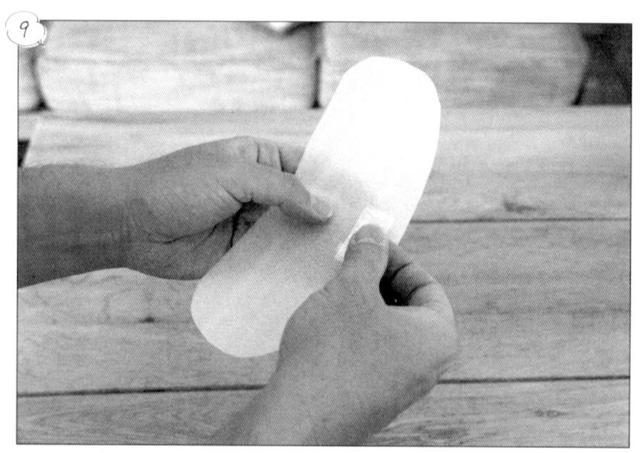
うまく飛ばないときにはセロハンテープを1枚ずつ追加して飛ばす。

ここに注意！

この実験では、はじめからグライダーがうまく飛ぶことはほとんどありません。セロハンテープの枚数を少しずつ増やすことで、ちょうどいいバランスを見つけ出しましょう。また、投げ方も少しコツがいるので練習をしてみましょう。

どうしてそうなるの？

この実験のグライダーは、「アルソミトラ」というジャングルに生える植物の種（右の写真）を参考にしています。ジャングルでは木が多く、強い風が吹くことはあまりありません。そのため、アルソミトラはグライダーとして飛ばすことで、種を遠くまで運んでいます。
今回の実験で作ったグライダーでは、セロハンテープと梱包用のクッション材でこの種をそっくりまねしているので、よく飛ぶのです。

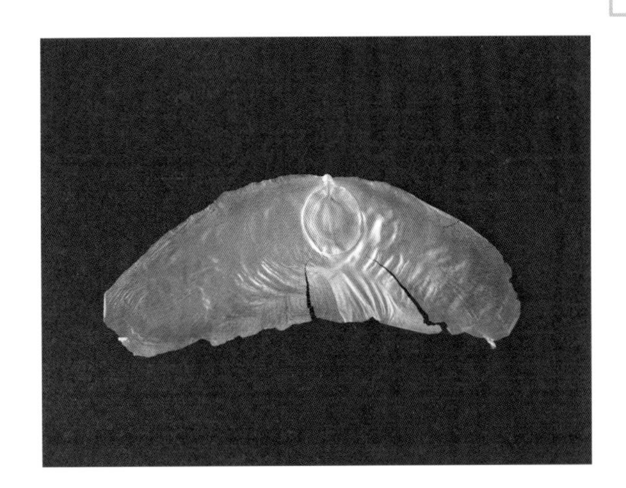

＼ちょいとひと工夫！／

ほかにも「飛ぶ種」はいろいろとあります。それらの形をまねすると、同じように飛ばすことができるでしょうか。さまざまな材料を使って種のまねをして、飛ばしてみましょう。

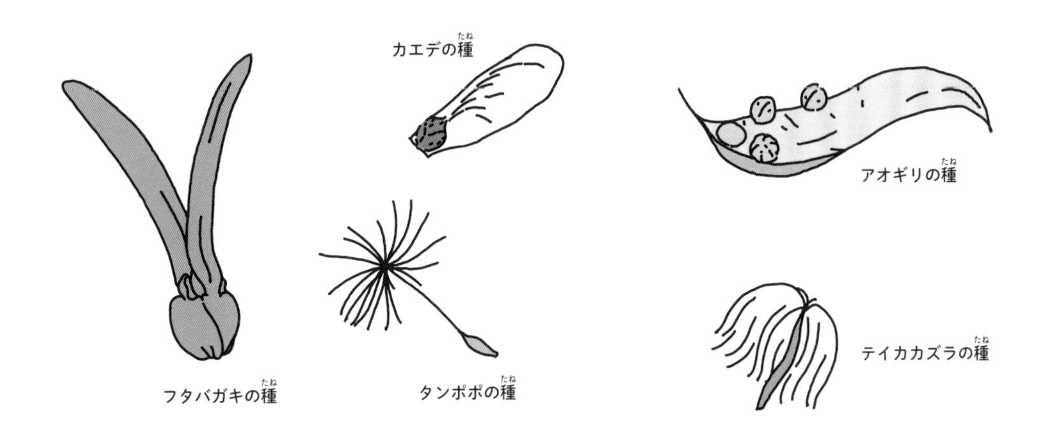

カラフルキャンドル

おしゃれな店で売っていそうな
カラフルなキャンドル（ろうそく）。
でも、このキャンドルは、使い古した食用油で
かんたんに作ることができます。
すてきなキャンドルを作ってみましょう。

用意するもの

食用油は、新しいものでも、揚げ物などで使ったあとのものでも問題ありません。キャンドルを入れるガラスの小瓶はかならず耐熱のものを使いましょう。ガラスの小瓶、輪ゴム、割りばしは作りたいキャンドルの数分用意します。

手順

1

白と赤の２つのキャンドルを作る。まずは、割りばしを割らずに、10㎝ほどに切ったタコ糸をはさむ。

2

割りばしの先を輪ゴムでしばり、小瓶に置く。タコ糸が底に届くよう長さを調整し、同じものを２本作る。

3
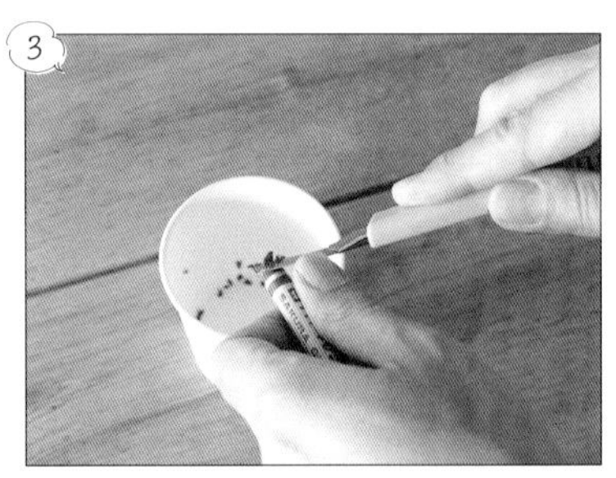
赤いキャンドル用にクレヨンをカッターで削り、紙コップに入れる。

4

小さい鍋に食用油を100mL入れる。

5

④に油凝固剤を大さじ１加える。

6

大きい鍋で湯をわかす。

⑦ 湯がわいたら鍋しきに置き、⑤を重ねる。油凝固剤が溶けるまでかき混ぜる。

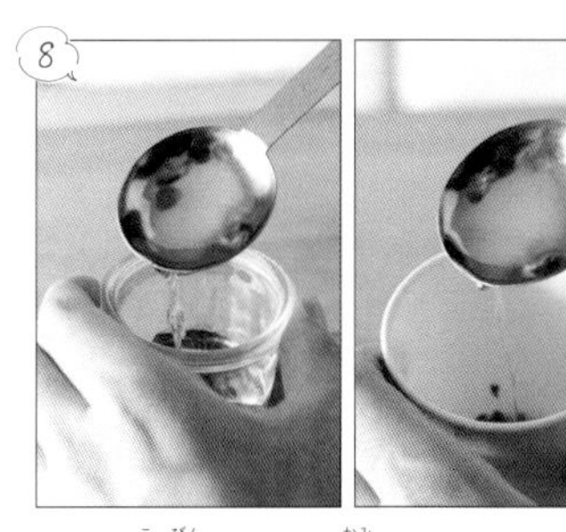

⑧ ②の小瓶と③の紙コップにそれぞれ⑦を入れる。

⑨ ⑧の紙コップは、クレヨンが溶けるまでかき混ぜ、その後、中身をガラスの小瓶に移す。

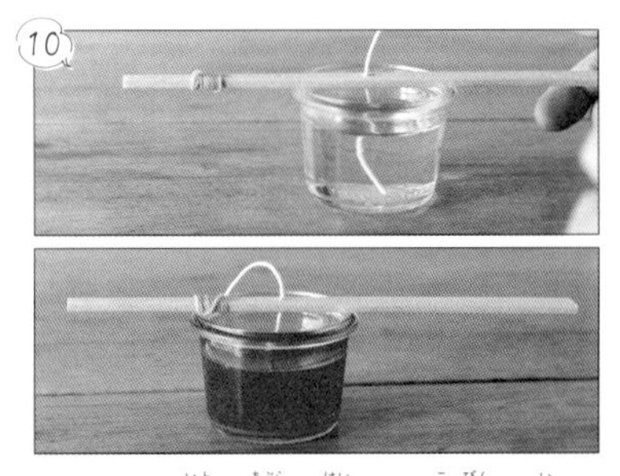

⑩ ②のタコ糸を油の入った小瓶に入れる。タコ糸が中心にくるようにする。

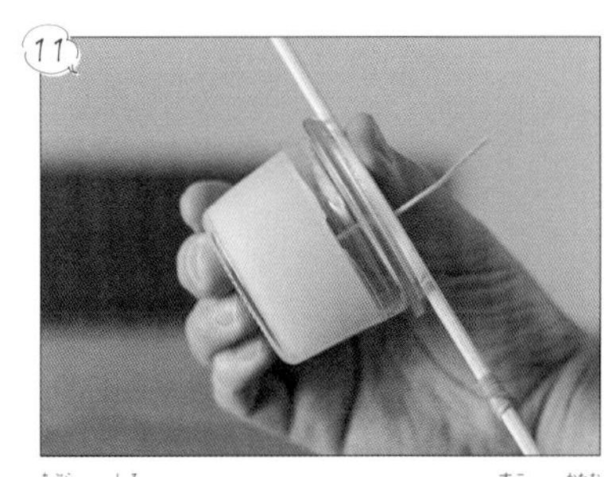

⑪ 油が白っぽくなってきたら、少し傾けて、固まっているかを確認する。

⑫ 割りばしを外し、タコ糸を少し切ってでき上がり。白と赤以外も作ってみよう。

どうしてそうなるの？

油凝固剤は、油に溶けて温度が下がると、目には見えない小さなカゴ状の構造がたくさんできます。その中に油が閉じ込められることで、油が固まるのです。このカゴ状の構造は温度を上げるとこわれるので、油の温度を上げると、液体にもどります。
また、油凝固剤の量が少ないと、カゴ状の構造が少ないので、うまく固まらなくなります。

ちょいとひと工夫！

「油が固まる」「新たな油を重ねる」をくり返せば、色が層になったキャンドルを作ることができます。

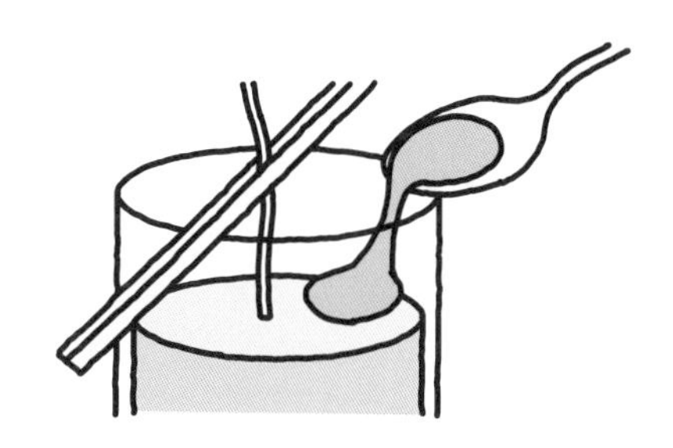

キラキラの写真

40 ページで作ったろうそくの火が
キラキラと輝いています。
どうしてこんなきれいでふしぎな写真が
撮れるのでしょうか。

用意するもの

紙やすりは目の粗さが250番前後のものを用意します。食品パックのふたは、うすくてハサミで切れるものにしましょう。
また、ここには掲載していませんが、網戸の網や三角コーナーの網など、網目状のものをいくつか用意しておくと、さまざまな実験ができます。

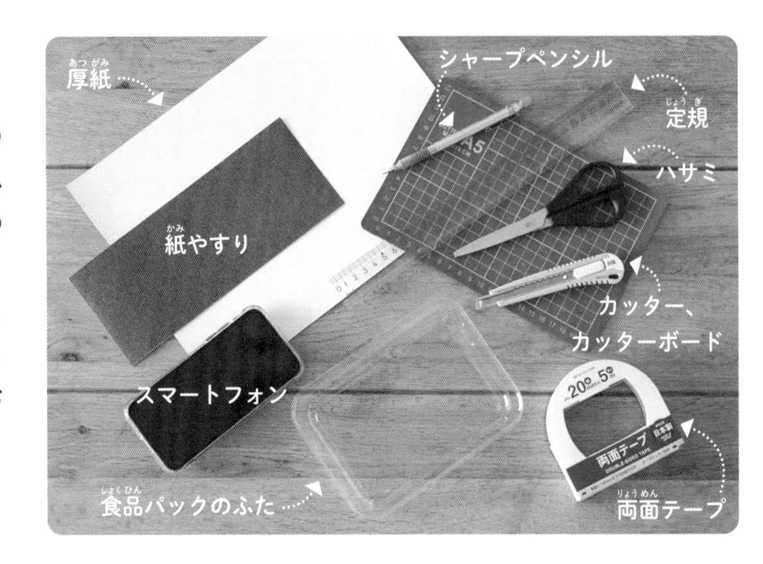

手順

1 厚紙を一辺8cmの正方形に切り、内側を6cmの正方形に切り抜く。これを2枚作る。

2 食品パックのふたを一辺8cmの正方形に切り抜く。

3 2を紙やすりで1回こすって傷をつける。

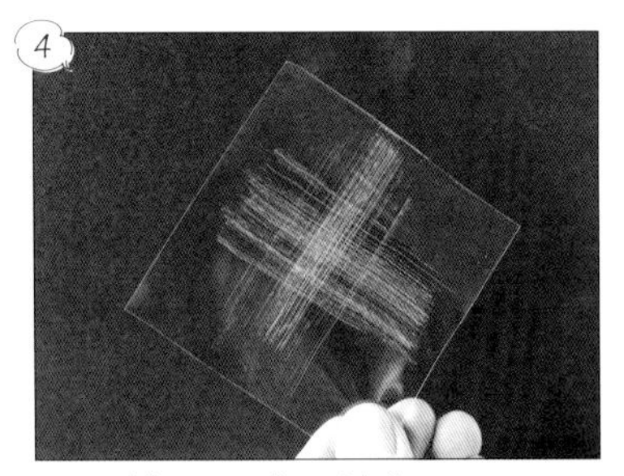

4 3の傷と90度の角度になるように、もう一度傷をつける。

5 1で切った厚紙2枚とも、片面4辺すべてに両面テープをはる。

6 4をはさむように5をはりつける。

7 スマートフォンのカメラを起動し、レンズに⑥を重ねる。

8 ⑦の状態で電気などの小さく光るものを撮影する。

どうしてそうなるの？

光は細いすき間を通ると、曲がって進む性質があり、この性質のことを回折といいます。食品パックのふたに紙やすりでつけた傷のところに光が通ると、回折が起こることで光が伸びて見えるのです。今回はやすりの傷で実験をしましたが、釣り糸を3㎜幅くらいに並べたものや網戸の網など、格子状のものであれば、さまざまなもので同じように実験できます。

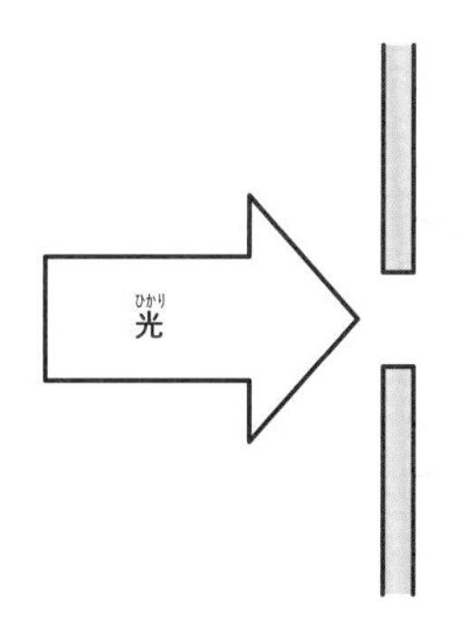

ちょいとひと工夫！

身近にある細かな格子状のものを探して、①の厚紙にはさんで、どのような写真が撮れるか試してみましょう。

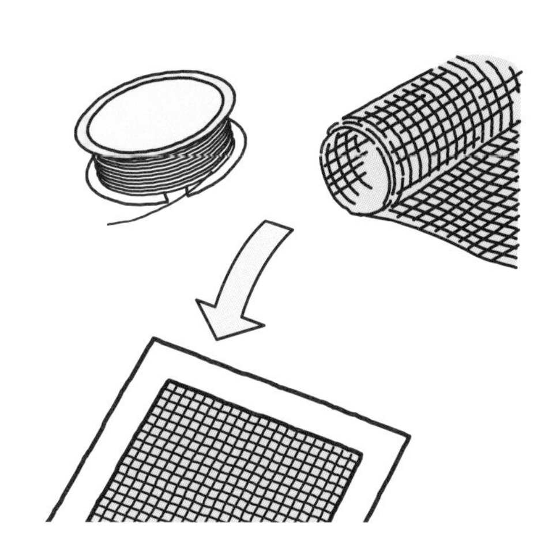

おどる人形

ビーズや星がとびはねる向こうに、おどる人形。
まるでパーティーのようです。
いったい何が起こっているのでしょうか。

用意するもの

黒いポリ袋はうす手のものを用意します。ボウルは大きめのものを使ったほうが実験がしやすくなります。ビーズ・スパンコールは、小さくて軽く、キラキラしたものを選ぶとよりきれいに見えます。

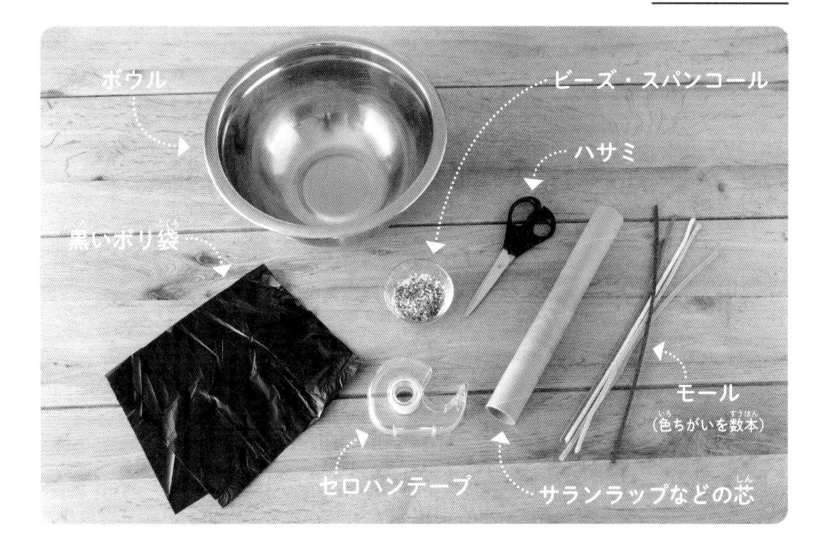

手順

1 モールを10cmほどに切って、写真のような形にする。

2 7～8cmに切ったモールを1に巻きつけて腕を作る。モールの色を替えていくつか作る。

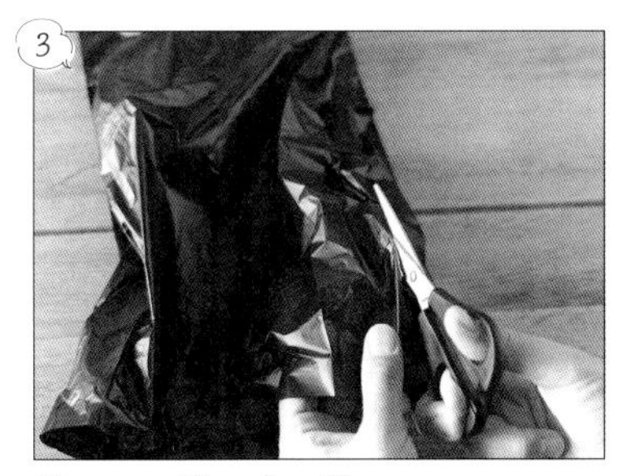

3 黒いポリ袋を切り開く。

4 3をセロハンテープでボウルにはりつける。

5 1か所にセロハンテープをつけたら、反対側から引いてはりつけることで、ピンと張らせる。

⑥ はりつけ終わったら、たるんでいるところがないか確認をする。

⑦ ⑥に②の人形とビーズやスパンコールを置く。

⑧ サランラップの芯を口に当てて出した声を、⑦の袋の面に当てると人形が動き、ビーズやスパンコールがとびはねる。

ここに注意！

声の大きさや高さによって、人形がきちんと動かないことがあります。もしうまくいかなかったら、声の大きさや高さをいろいろと変えてみましょう。

どうしてそうなるの？

声などの音は、空気中を振動として伝わります。ボウルにはったポリ袋はうすいため、声の振動で揺れます。そのため、ポリ袋の上にのっている人形がおどったり、ビーズやスパンコールがとびはねたりするのです。
スピーカーなどは、この実験とは逆に、空気を振動させることで音を出しています。そのため、音が出ているスピーカーをさわってみると振動しているのがわかります。

＼ちょいとひと工夫！／

人形やビーズ、スパンコールの代わりに、ポリ袋の上に塩をまいて実験してみましょう。すると、ポリ袋がよく振動するところ、あまり振動しないところで塩の動き方に差が出て、塩のもようができます。

声の大きさや高さでもようのでき方は変わるのかな？

コーヒーフィルターの花

色とりどりのアサガオの花。
でも、この花は摘んできてかざったものではありません。
水性マーカーとコーヒーフィルターで
かんたんに作れるのです。

用意するもの

プラスチックのコップは、あまり口の広くないもの、白いコーヒーフィルターはなるべく大きなものを選びます。水性マーカーは何色かあるほうが、さまざまな色の花を作ることができて楽しいです。

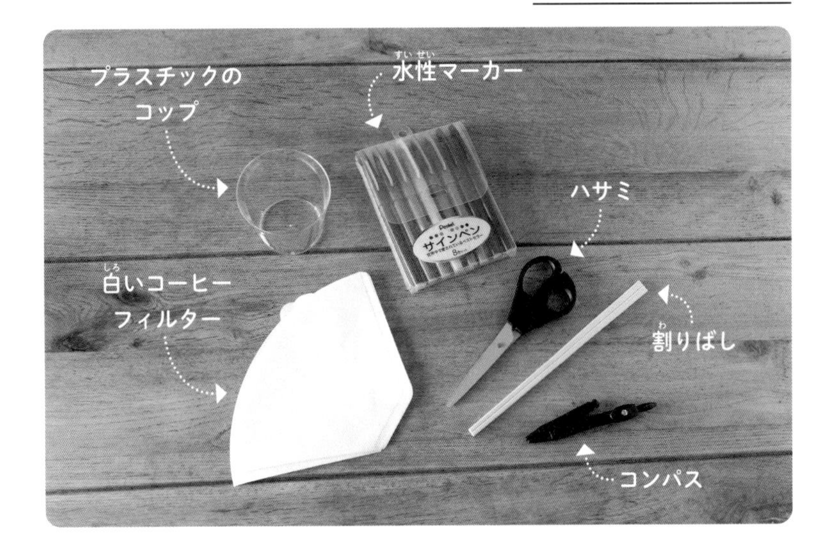

手順

1

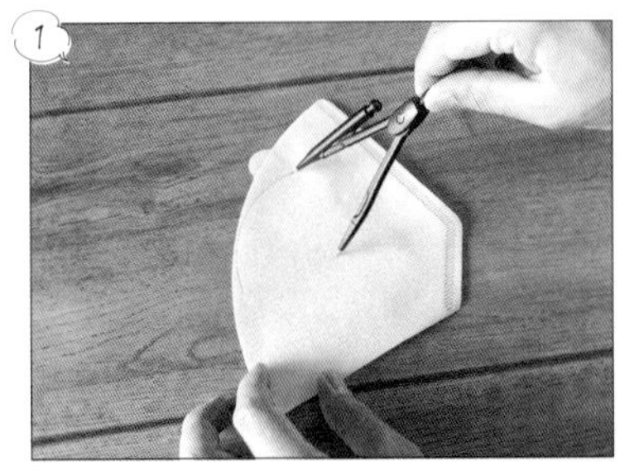

コーヒーフィルターにコンパスでなるべく大きな円を描く。

2

1 の線に沿って、ハサミで切り取る。

3

2 のコーヒーフィルターを1枚取り、まん中に水性マーカーで直径3〜4cmの円を描く。

4

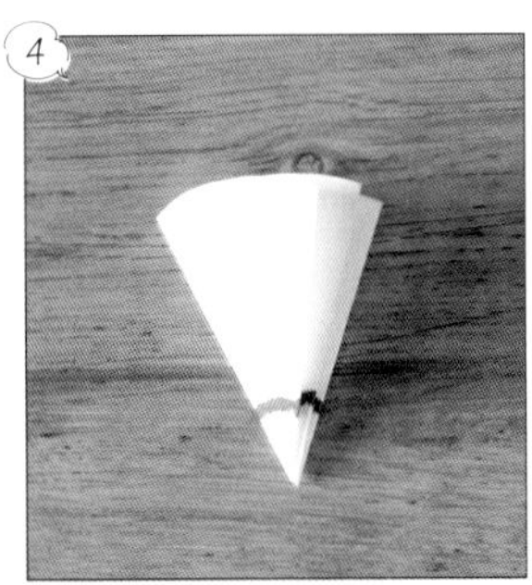

3 を3回、半分に折って左のような形にし、右のように開く。円が8等分に折れていることを確認する。

5

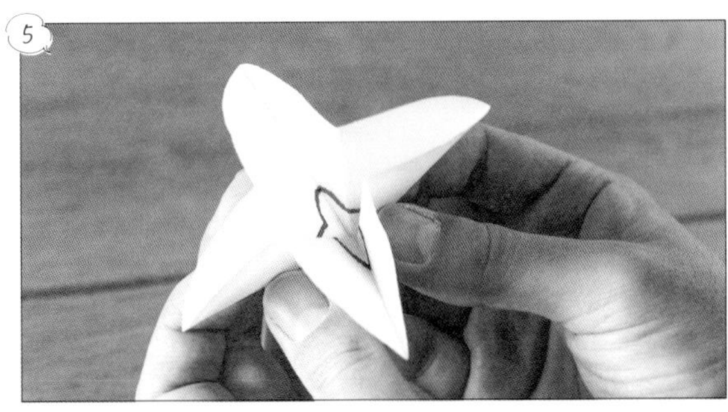

4 の折り目が、写真のように山折り→谷折り→山折り……となるように折りなおす。

6

プラスチックのコップに、おおよそ８分目まで水を入れる。

7

折ったコーヒーフィルターを先が少しだけ水につかるようにコップに置く。

8

コーヒーフィルターが水を吸い上げると、水性マーカーの色が伸びながら色が分かれていく。

9

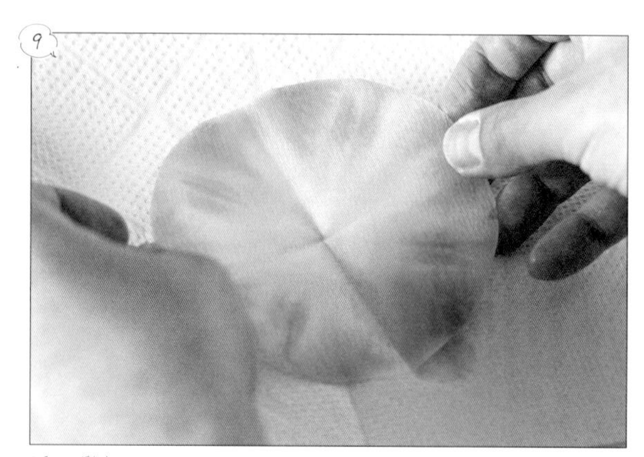

色が全体にいきわたったらコーヒーフィルターを取り出して乾かす。

ここに注意！

コーヒーフィルターを水につけるとき、水性マーカーで描いた線が直接水につかってしまうと、水にインクが溶け出てしまってうまくいきません。コーヒーフィルターをコップに置くときには、真横から確認しながら、先端が少しだけ水につかるように、慎重にやりましょう。

どうしてそうなるの？

水性マーカーのインクはさまざまな色を混ぜ合わせて作られています。

また、コーヒーフィルターは端を水につけると、水を吸い上げ、全体が濡れます。コーヒーフィルターに水性マーカーで線を描いて端を水につけると、吸い上げられた水によって、まず紙とくっつく力の弱い色が水とともに移動していきます。その後、紙とくっつく力の強い色も移動していくため、色が分かれていくのです。このようにして物質を分ける方法を、クロマトグラフィーといいます。

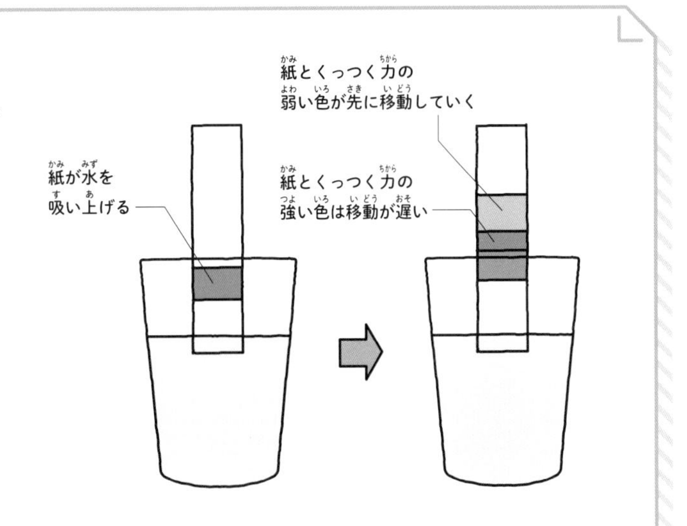

ちょいとひと工夫！

幅1cm、長さ6～7cmに切ったコーヒーフィルターにさまざまな水性マーカーで線を引き、水につけてみましょう。すると、色が分かれていきます。それぞれのマーカーにどんな色が含まれているのかを確認してみましょう。

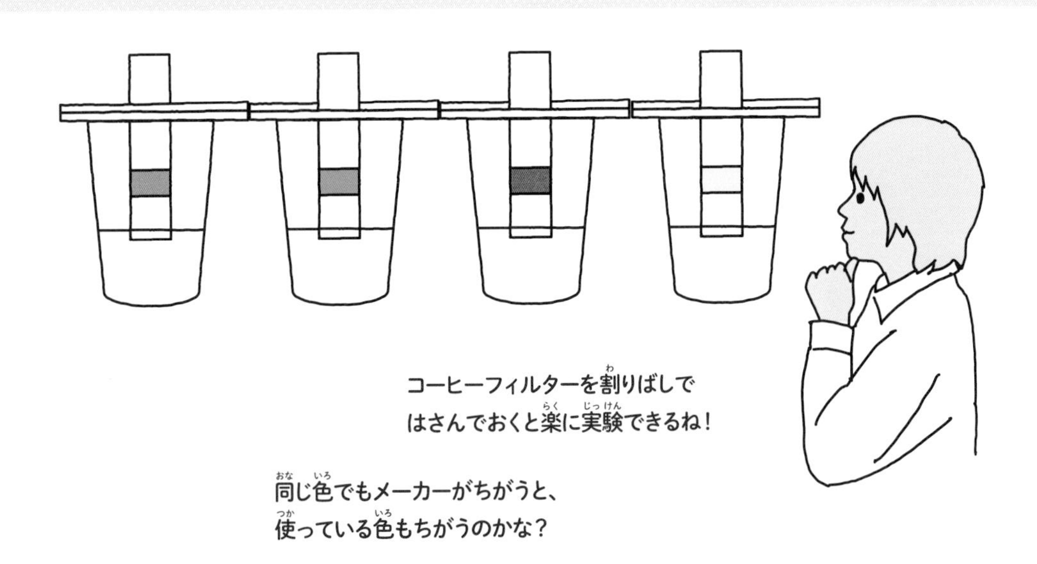

塩の宝石

キラキラと輝くきれいな四角い宝石。
この宝石は、ふだんわたしたちが食べる
塩でできています。
どうしてこんなにきれいな
四角になるのでしょうか。

用意するもの

塩は、ふだん食べているものを使うことができます。薬包紙がない場合は、ふつうのコピー用紙などでも問題ありません。

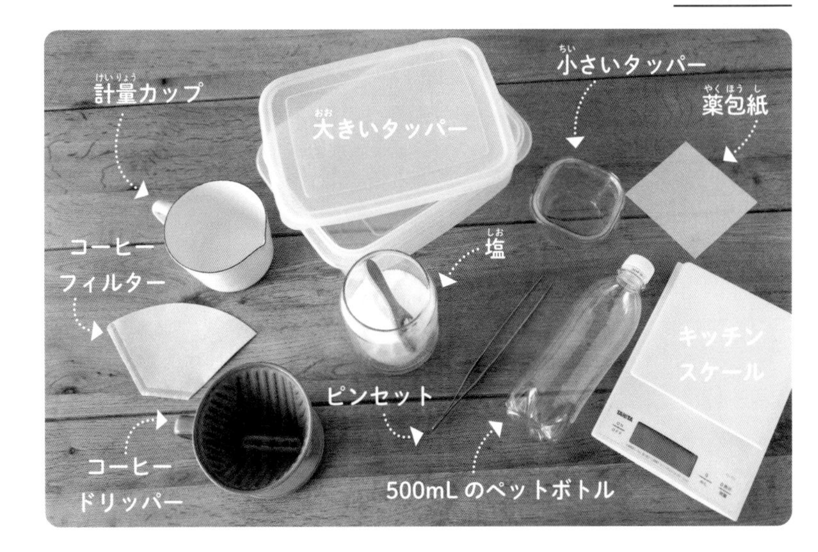

手順

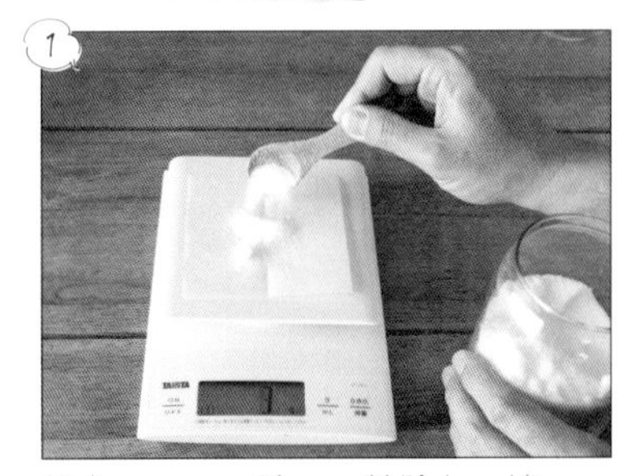

1 谷折りにして開いた薬包紙に塩をのせ、36g はかる。

2 1の塩をペットボトルに入れる。

3 計量カップで水を 100mL はかる。

4 3の水を2のペットボトルに入れる。

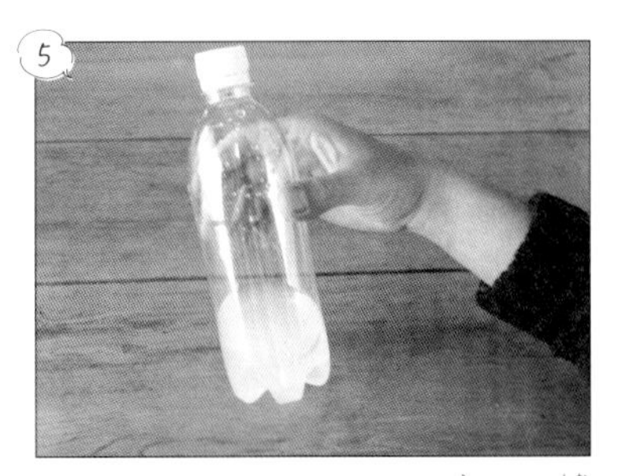

5 4にキャップをし、よく振って塩を溶かす。完全に溶けてなくなったら、塩を少し追加して溶かす。

6 塩が溶けなくなって少しペットボトルの底に残るようになったら塩を加えるのをやめる。

7

小さいタッパーの上にコーヒードリッパーを置き、コーヒーフィルターで6をこす。

8

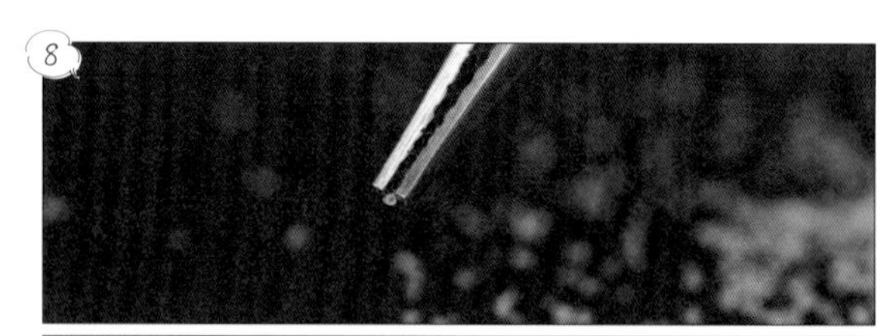

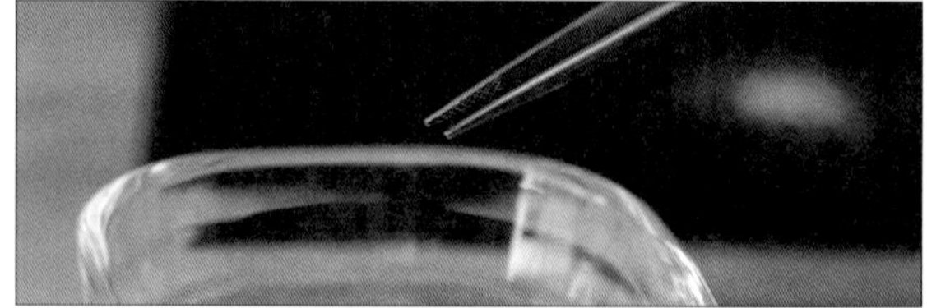

塩の粒をピンセットで１つつまみ、7の中に入れる。

9

8を大きいタッパーに入れてふたをし、何日か置いておく。

10

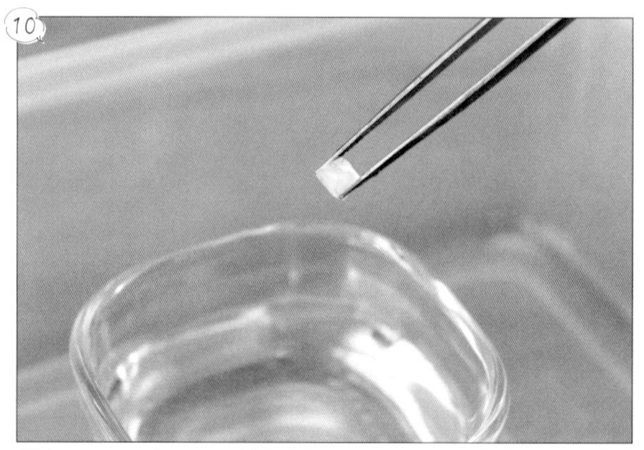

数日すると塩の粒が大きくなる。塩の粒に直接手で触れたり、タッパーをゆらしたりしないように観察する。

ここに注意！

塩水が急速に蒸発すると、塩の粒がうまく大きくならないことがあります。また、塩水が蒸発しなさすぎても塩の粒は大きくなりません。タッパーを閉めた状態で塩の粒が大きくならないときは、タッパーのふたに少しすき間を作って蒸発しやすくしてみましょう。

どうしてそうなるの？

水に溶けることができる塩の量は決まっています。その量をこえて水に塩を入れた場合、57ページの⑥のように、塩が溶けずに残ります。塩がもうこれ以上溶けられない状態のことを飽和状態といいます。
飽和状態の塩水から水が蒸発して減っていくと、塩水の中の塩が溶けていられなくなり、塩の粒として出てきます。このとき、核となる塩の粒があると、そのまわりに塩がついて大きくなっていき、宝石のようにきれいな結晶ができあがります。

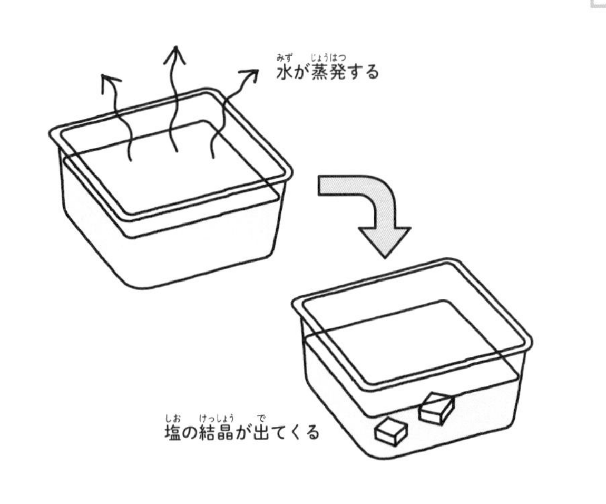

＼ちょいとひと工夫！／

ここでは、塩の粒を核として結晶を作りましたが、モールなどを塩水につけておくと、そこに塩の結晶が育っていき、キラキラのモールにすることができます。いろいろな形のものを作ってみましょう。

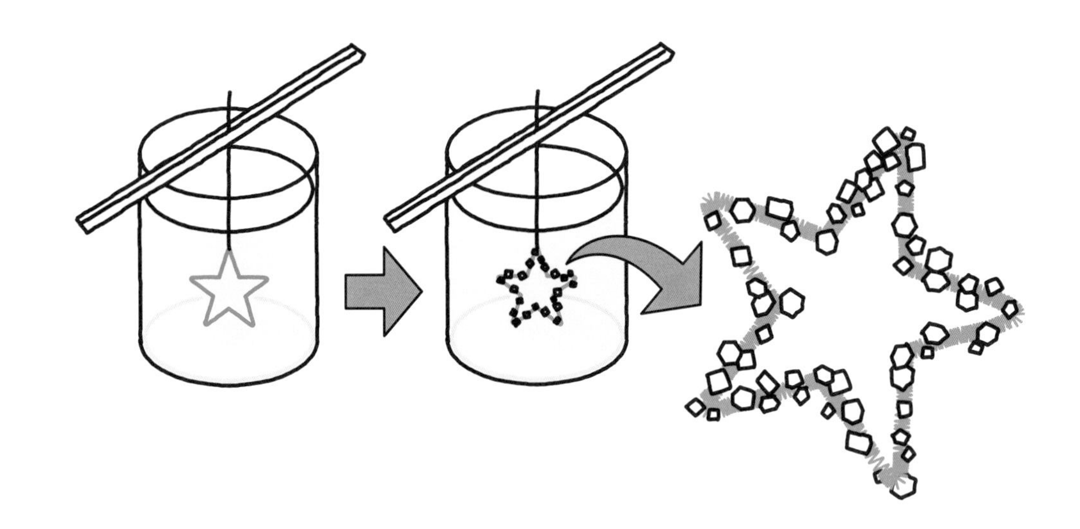

宝石貝がら

暗い中に浮かび上がる虹色。
よく見ればふつうの巻き貝ですが、
どうしてこんなに
きれいな色になるのでしょう。

用意するもの

薬品が目に入ると危険です。ゴーグルでかならず目を守りましょう。ゴーグルがないときは、めがねや水泳用ゴーグルでもかまいません。サザエの貝がらが手に入らないときはアワビの貝がらでも実験ができます。計量カップは10mL（10cc）きざみで目盛がついたものを用意します。

手順

1 サザエの貝がらを水で流しながら、たわしでよく洗い、表面の汚れを落とす。

2 ゴム手袋をしてバケツに水 80mL、酸性洗剤を 20mL 入れ、割りばしでよく混ぜる。

3 2 に 1 の貝がらを入れる。貝がらの全体がつからない場合は、液を 2 倍の量作る。

4 30 分ほど経ったら、割りばしで貝がらを取り出す。

5 とがったもので表面についているものをこそげ落とす。

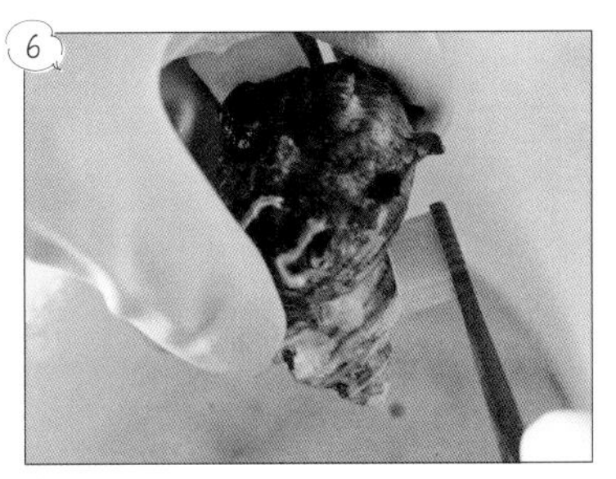
6 全体を歯ブラシでみがく。

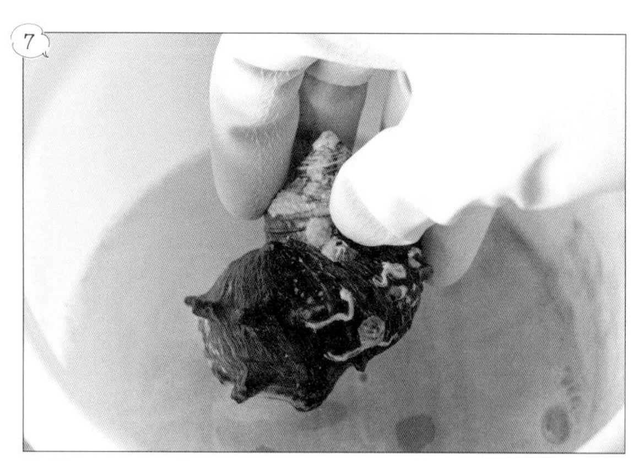

全体をみがき終わったら、ふたたび液につける。

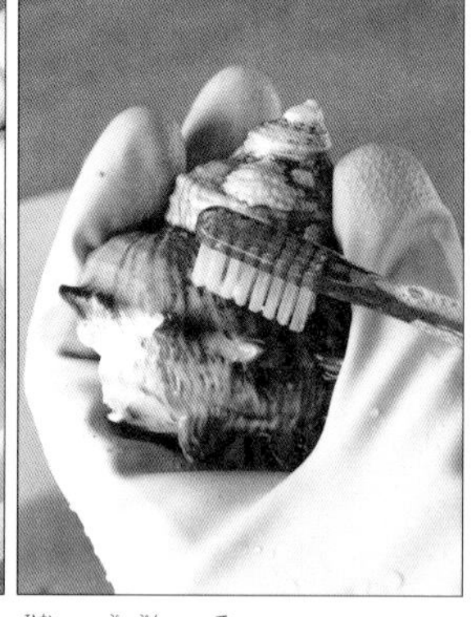

4～7をくり返し、虹色に光る部分が出てきたら、それ以外の部分を液をつけた歯ブラシで何度もみがく。

全体が虹色に光るようになったら完成。

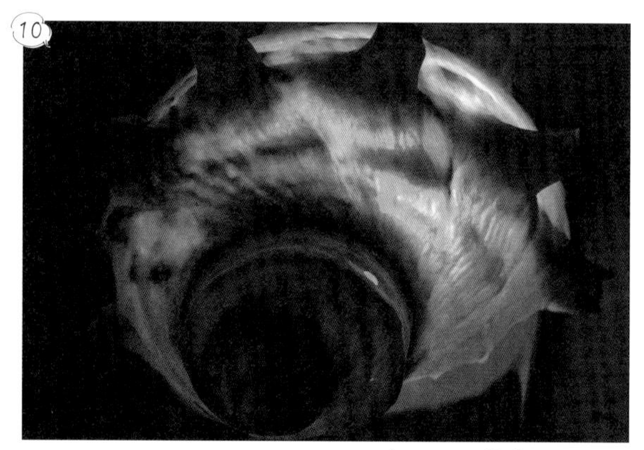

スマートフォンのライトなどで、貝がらの内側を照らすと、より虹色がきれいに見える。

ここに注意！

酸性のトイレ用洗剤につけすぎると、貝がらの表面だけでなく、虹色の部分まで溶けてしまいます。虹色に光る部分が見え始めたら、貝がらを液につけるのはやめて、液をつけた歯ブラシで虹色になっていない部分をみがくようにすれば、穴があきにくくなります。

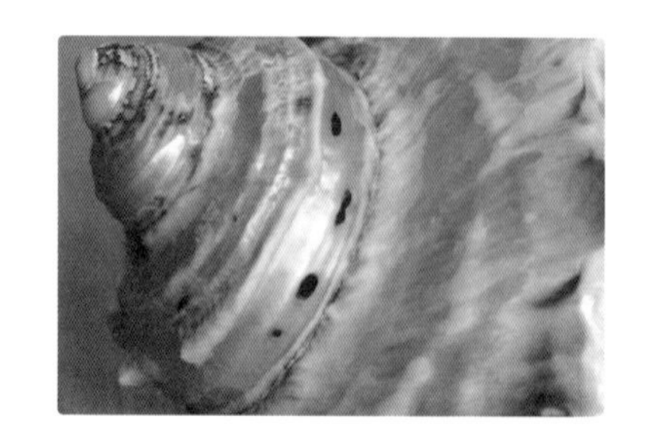

どうしてそうなるの？

貝は、種類によって内側に「真珠層」という虹色に輝く部分をもっています。酸性の洗剤によって、貝がらの表面が溶かされ、下にある真珠層が出てくるので、宝石のような貝がらになります。
サザエ以外では、アワビも同じように真珠層をもつ貝なので宝石のようにキラキラにすることができます。
また、身近ではないですが、真珠貝（アコヤガイ）やオウムガイなども真珠層をもつ貝として知られています。

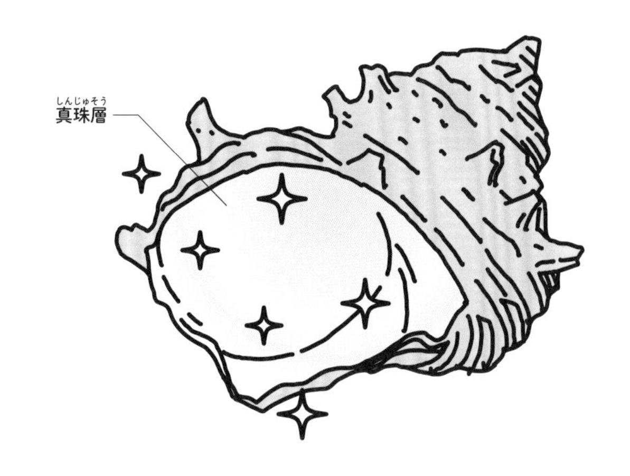

ちょいとひと工夫！

真珠層をもつアワビは、今回の実験と同様の実験で宝石のような貝がらにできます。また、真珠層をもたないシジミやホタテなどの貝がらでは、虹色にはなりませんが、表面がツルツルになります。

虫めがねのカメラ

丸い筒の中をのぞき込んでみると……
あらふしぎ、景色がはっきりとうつっています。
それも逆さまに。
どうして逆さまに景色がうつっているのでしょうか。

用意するもの

ポテトチップスの筒は長いものと短いものの2本を用意します。虫めがねはポテトチップスの筒底の直径よりもレンズが大きいほうが実験しやすくなります。小さい虫めがねしかない場合は、黒いガムテープも用意しましょう。

手順

1 ポテトチップスの筒の底を2本とも抜く。

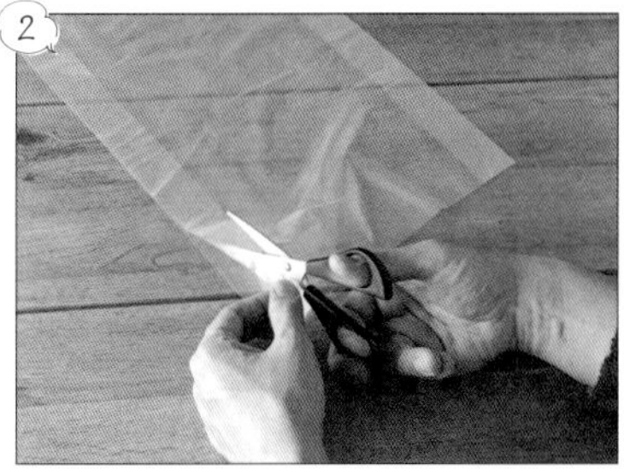

2 ポリ袋をはさみで切り開き、1枚に広げ、15cmほどの正方形に切る。

3 ②を小さいほうの筒の口の部分に、しわができないように輪ゴムでとめ、余ったポリ袋を切る。

4 筒の上から3cmほど出るように、③のポリ袋の上に黒い画用紙を巻きつけ、セロハンテープでとめる。

5 2本の筒の底同士をくっつけて黒い画用紙を巻き、セロハンテープでとめる。

6 大きな筒の口にセロハンテープで虫めがねを固定する。虫めがねが小さい場合、レンズ以外から光が入らないように黒いガムテープで固定する。

7

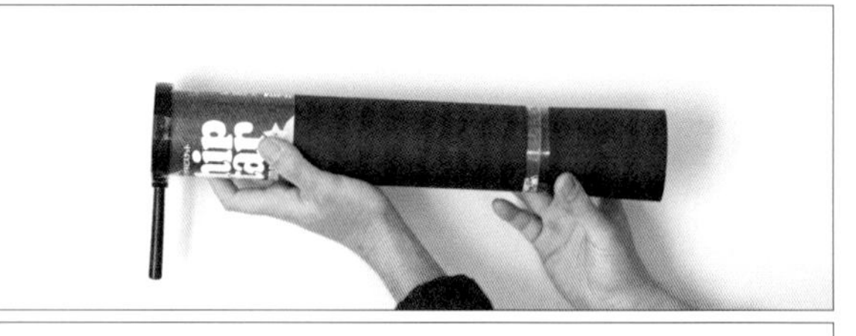

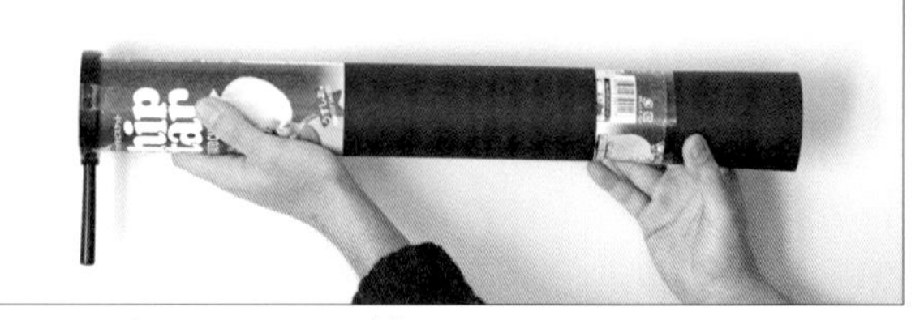

カメラの完成。遠くのものを見るときには筒を短く、近くのものを見るときは筒を長くする。

8

見たいものにピントがしっかり合えば、左のようにポリ袋にはっきりとうつる。右のようにぼやけて見えてしまうときは、筒の長さを調整してはっきり見える長さを探す。

ここに注意！

カメラの長さとレンズが合わないと成功しません。虫めがねで太陽光を黒い紙に集め、光の丸が一番小さくなったときの、虫めがねと紙の距離をはかり、カメラ（一番短くしたとき）の長さをこの距離と同じにします。黒い紙はすぐ燃えるので短時間で終わらせ、レンズで太陽を見てはいけません。

どうしてそうなるの？

虫めがねのレンズに光が通ると、下のイラストのように光が進むため、ポリ袋に逆さまの景色などがうつります。
本物のカメラや私たちの目も同じ原理でものをうつしたり見たりしています。

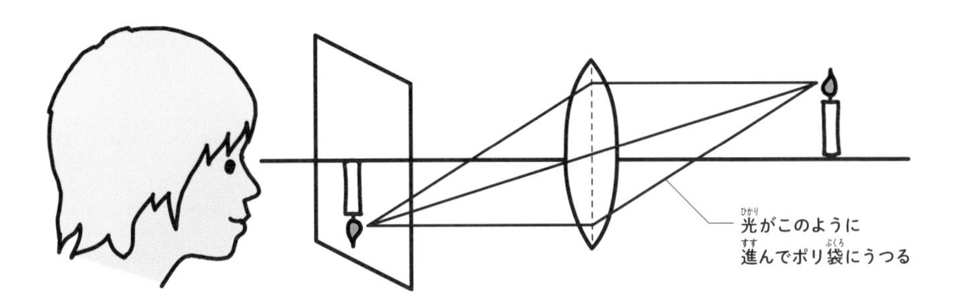

ちょいとひと工夫！

使う虫めがねの倍率を変えるとどうなるでしょうか。66ページの「ここに注意！」に書いてあるように筒の長さを調整して、倍率のちがう虫めがねを使ってカメラを作ってみましょう。

光を７色に分ける

壁にうつっているのは虹……？
この７色の光を生み出すのに使うのは、
懐中電灯と水。
それだけで、どうやってこんなに
きれいな色が出るのでしょうか。

用意するもの

懐中電灯は、筒状で光が強く、電球が1つだけのものを使います。四角い透明なケースは、1辺が15㎝ほどの大きさの、ガラスやアクリルの水槽などを使いましょう。アルミテープは、100円ショップなどで買えます。

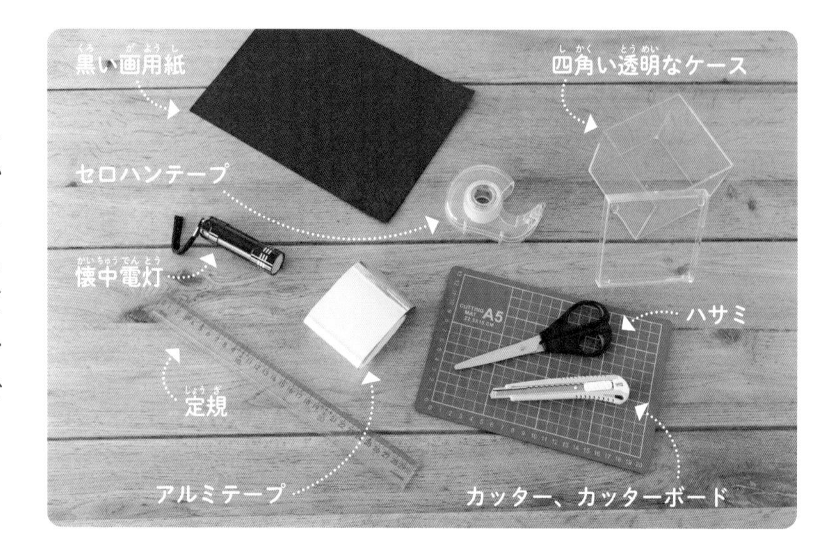

手順

1 黒い画用紙を、懐中電灯に巻きつけられる長さで7㎝の幅の帯状に切る。

2 ①を懐中電灯に巻きつけ、セロハンテープでとめ、いったん外す。

3 ボールペンで②の筒をアルミテープの裏に写し取り、少し大きめにハサミで切る。

4 カッターで③の中央に幅1㎜長さ1.5㎝のすき間を作る。

5 ④を②の先端にはりつけ、懐中電灯にセットする。

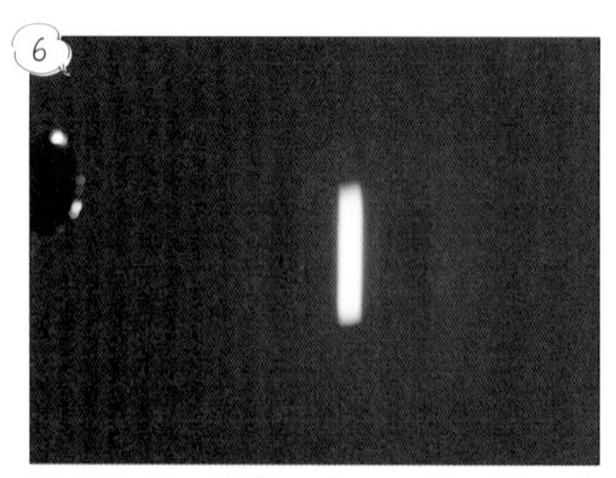

6 懐中電灯の電源を入れ、細い光が出るように筒の長さを調整する。

水をはった透明なケースに、左の写真のような角度になるように⑥で光を入れると、虹のような光がうつる。

どうしてそうなるの？

光が水の入った透明なケースを通過すると、曲がって進む性質があり、これを屈折といいます。また、光の色によって屈折のしかたがちがいます。そのため、さまざまな色が混じった懐中電灯の光が屈折すると、色が分かれるのです。

空に見られる虹でも、空中の水の粒で光が屈折することで同じことが起こっています。

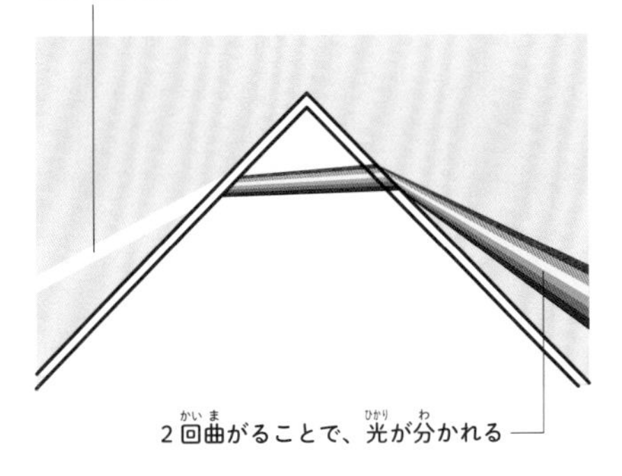

ちょいとひと工夫！

透明なケースに入れる水を塩水にすると、虹ができる位置が変わります。塩水の濃さを変えて試してみましょう。

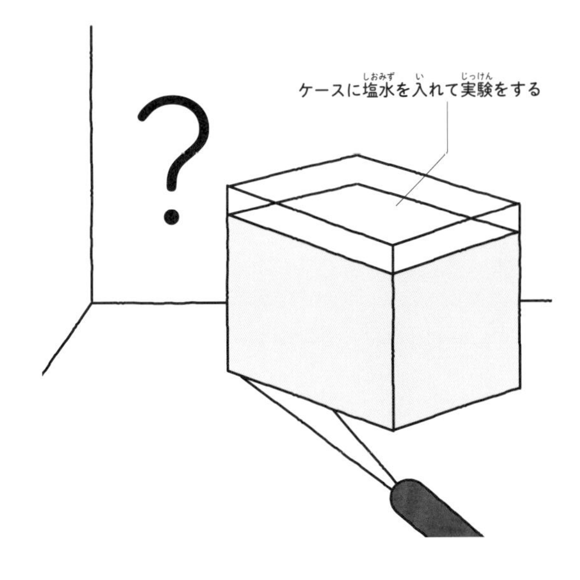

モールのアメンボ

モールでできたアメンボ。
よく見るときちんと水に浮いています。
特殊なモールを使っているのでしょうか。
いいえ、どこにでもある
ふつうのモールでできています。

用意するもの

モールは毛の少ないものだと実験がうまくいかないことがあるので、毛の多いものを選びます。
水を入れる器はどんなものでもかまいませんが、透明なものを使えば、真横から観察ができるようになります。

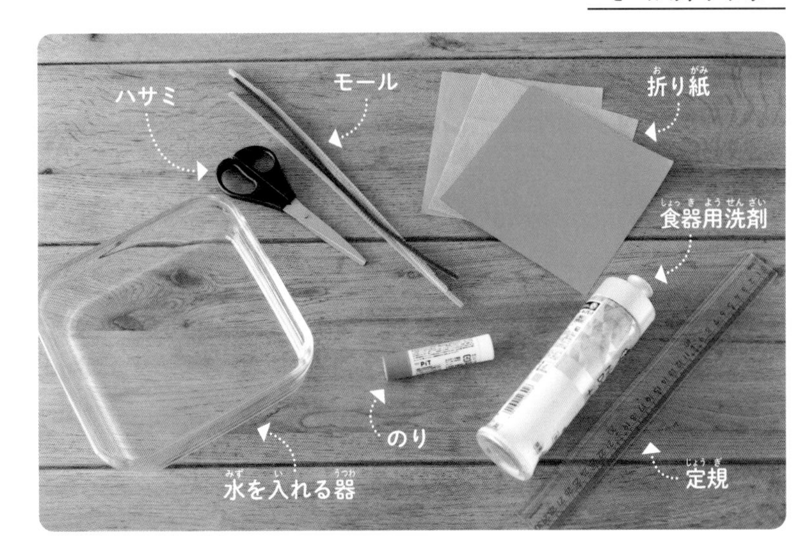

手順

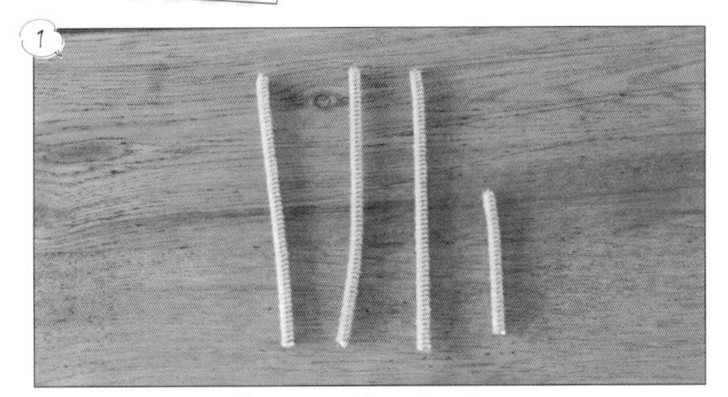

1 モールを 10cm 3 本、5cm 1 本に切り分ける。

2 5cmのモールに 10cmのモールを写真のように重ねる。

3 5cmのモールに 10cmのモールをそれぞれ巻きつけて固定する。

4 3の 10cmのモールの先を曲げて足を作る。すべての足が床につくようにする。

5

折り紙でアメンボの目や羽を作り、のりで4にはる。ちがった色でいくつかのアメンボを作る。

6

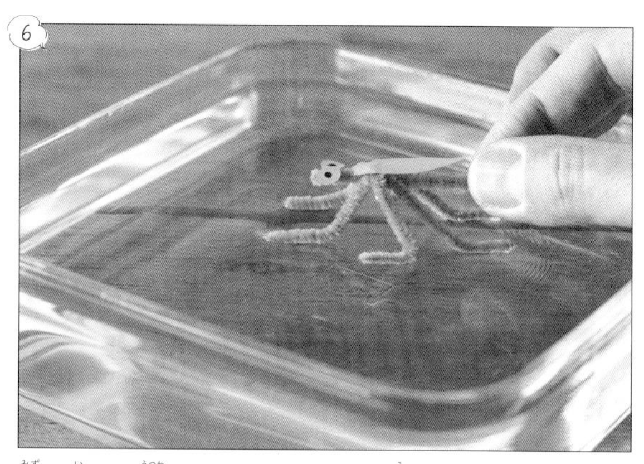

水を入れた器にそっとアメンボを浮かべる。

7

うまくいくと、水面にアメンボが浮かぶ。横から見て、足が水面をへこませているようすを観察しよう。

8

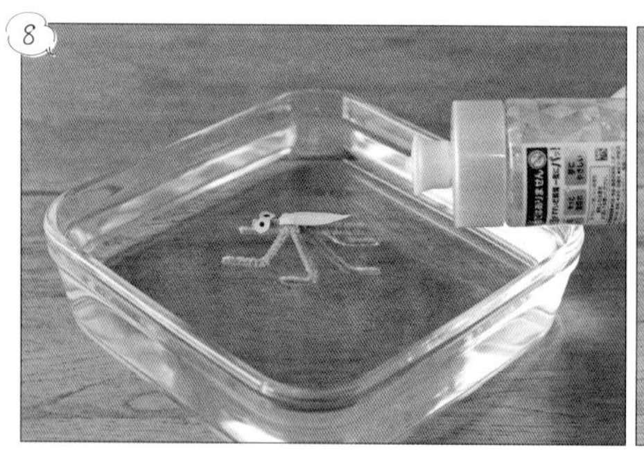

アメンボが浮いている水面にそっと1滴食器用洗剤をたらすと、アメンボが沈む。

どうしてそうなるの？

水は、水分子という小さな粒の集まりです。水の表面では、その粒同士が引っぱり合ってなるべく小さくまとまろうとします。この引っぱり合う力のことを表面張力といいます。
モールでできたアメンボの足は毛がたくさん生えていて表面の面積が広く、水面を押す力が１か所に集中しません。そのため、表面張力で引っぱられている水面が破れず、浮くことができるのです。
また、食器用洗剤は表面張力を弱める働きがあるので、水面にたらすとアメンボが沈んでしまいます。

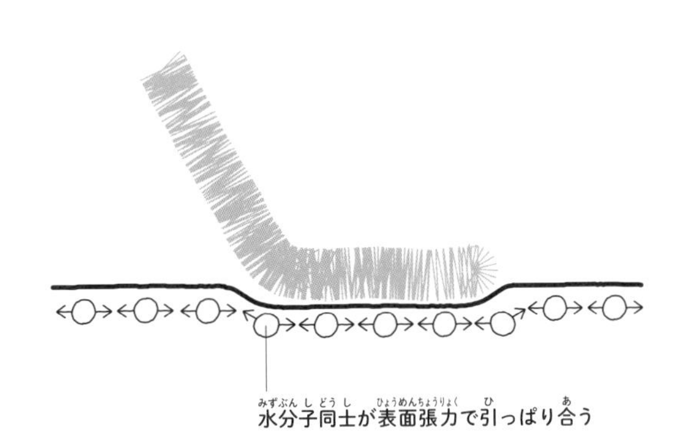

水分子同士が表面張力で引っぱり合う

ちょいとひと工夫！

形は同じまま、アメンボを大きくすると浮くことができるでしょうか。いろいろな大きさのアメンボを作って試してみましょう。モールの種類によっても浮き方はさまざまです。

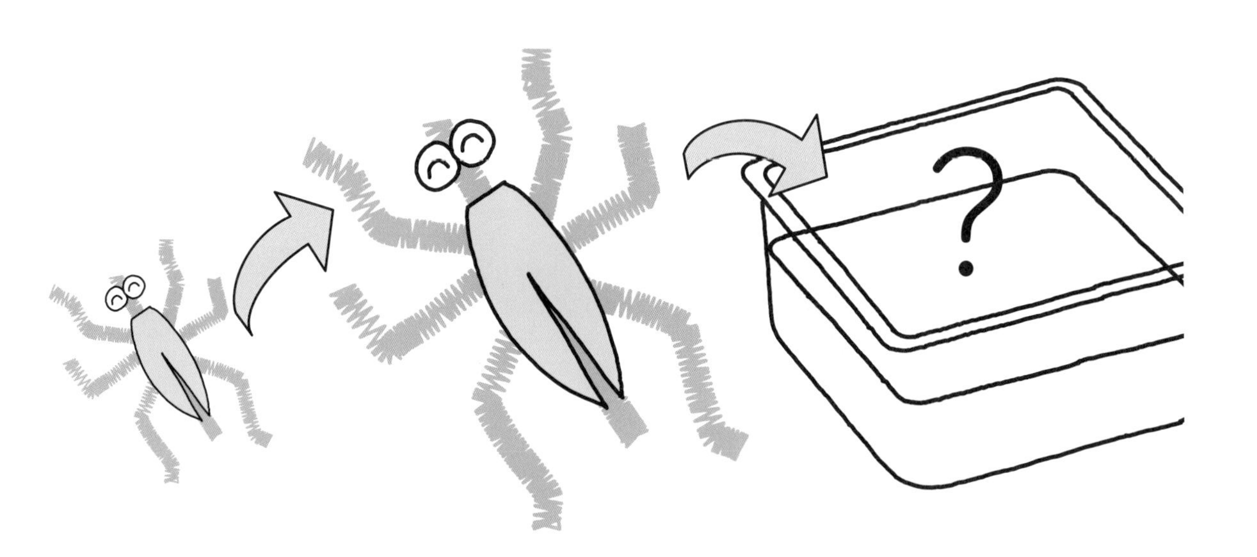

手作り万華鏡

さまざまな表情を見せる万華鏡。
この万華鏡は、トイレットペーパーの
芯で手作りすることができます。

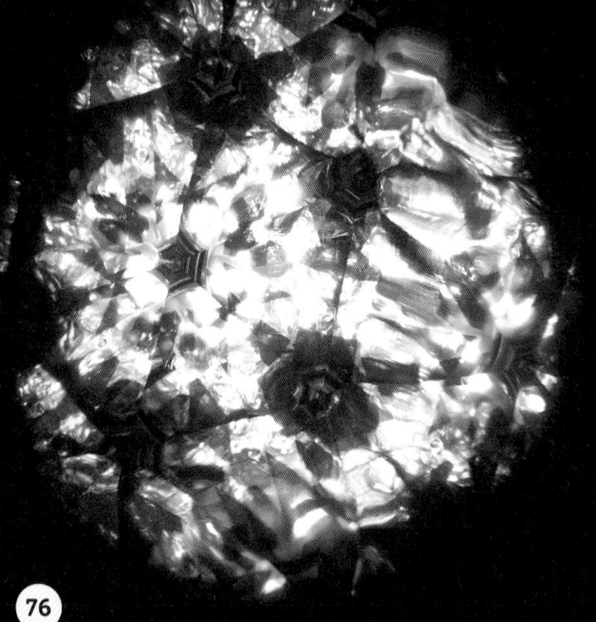

用意するもの

ミラーシートは100円ショップやホームセンターで買えます。片面がはりつけられるものを使います。透明な円形ケースは、トイレットペーパーの芯の太さと同じくらいの直径で深さ2～3㎝のものを用意しましょう。

手順

1 厚紙を横3.3㎝、縦11.2㎝に切る。同じものを3枚用意する。

2 ①をミラーシートの接着面にはりつける。

3 厚紙と同じ形に、カッターでミラーシートを切る。同じものを3枚作る。

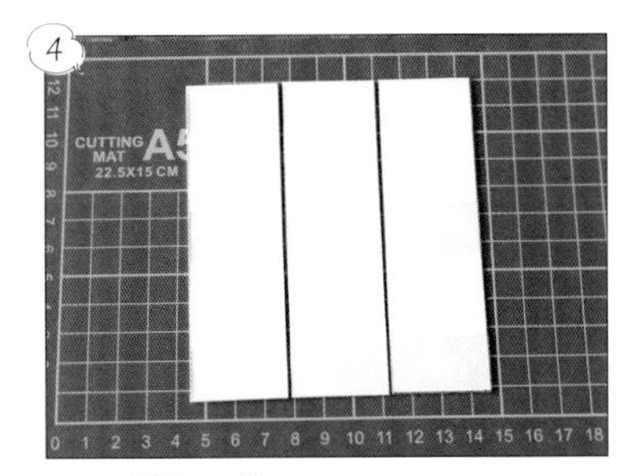

4 ③を鏡面を下にし、1㎜ほどのすき間をあけて3枚並べ、上、まん中、下をセロハンテープでとめる。

5 鏡面が内側になるように④を三角形にし、セロハンテープで、上、まん中、下をとめる。

6 ⑤をトイレットペーパーの芯に入れ、ゆるければ、⑤にビニールテープを巻いて安定するようにする。

7

透明な円形ケースにビーズや切ったセロファンなどを入れる。

8

7をビニールテープでトイレットペーパーの芯に固定する。

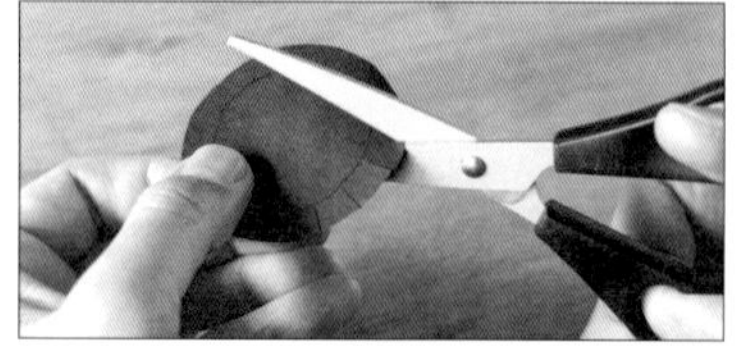

9

黒い画用紙で、トイレットペーパーの芯より少し大きな円を切り、まわりに5㎜間隔で切り込みを入れる。

10

9の中心に直径5㎜ほどの穴をあける。

11

10の切り込みにのりをつけて8の開いているほうにはり、ビニールテープで固定する。

12

マスキングテープなどでまわりをかざれば完成。

ここに注意！

万華鏡は中に入っているミラーシートが命です。ミラーシートが折れ曲がったりしているとうまくきれいなもようが見えないことがあります。もしミラーシートが折れ曲がってしまったら、新しいものを使うようにしましょう。

どうしてそうなるの？

光にはまっすぐ進む性質と、鏡などがあると反射して進む性質があります。そのため、鏡にうつったものを見ると、鏡の反対側にものがあるように見えます。また、万華鏡では正三角形に鏡を配置するので、鏡にうつったものが、それぞれ別の鏡にうつってつながり合います。そのため、複雑なもようができるのです。適当な形の三角形だとうまくもようがつながりません。このように鏡にうつったものが別の鏡にうつることを「合わせ鏡」といいます。

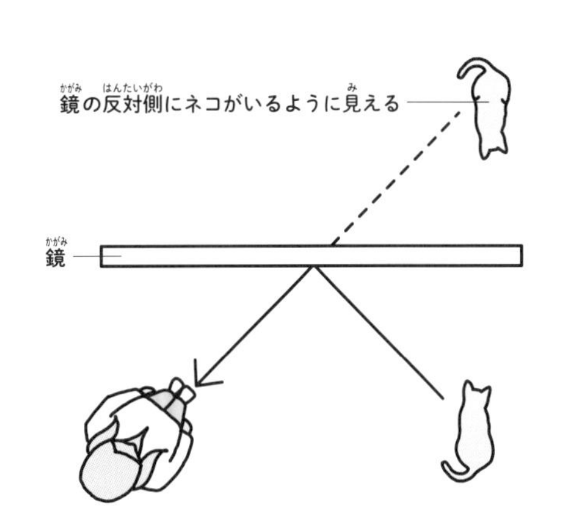

＼ ちょいとひと工夫！ ／

今回の実験では、ビーズやセロファンを使いましたが、透明なプラスチックケースに入れるものを変えると、ちがったもようを作ることができます。さまざまなもので試してみましょう。

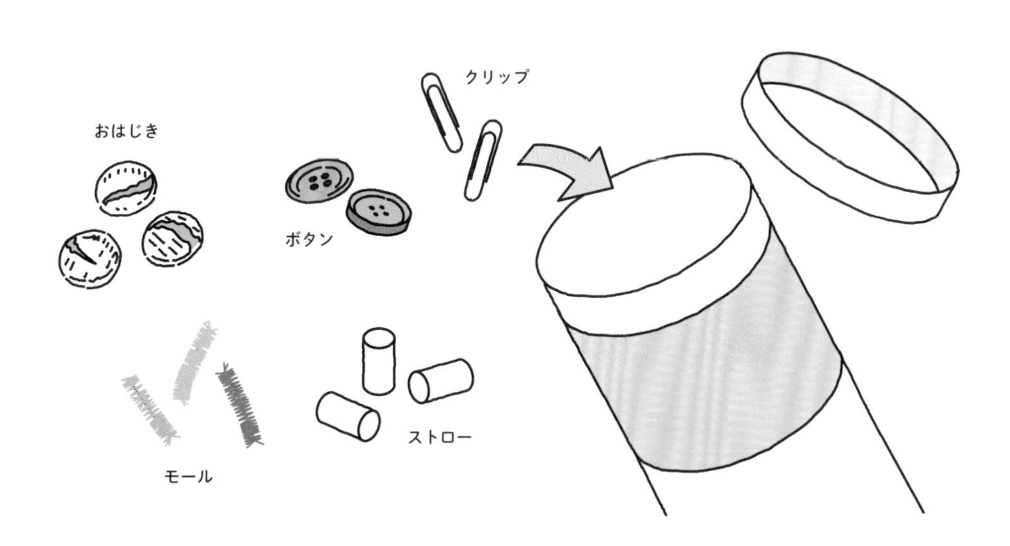

磁石のモーター

乾電池のまわりをアルミホイルがクルクル。
手で勢いをつけて回したわけではありません。
磁石と電気の力で回転するモーターを
作ってみましょう。

用意するもの

ネオジウム磁石は単三乾電池の直径（約1.5㎝）より大きな、直径2㎝ほどのもので、重ねると厚さが2㎝ほどになる枚数を用意します。ネオジウム磁石が用意できない場合は、くっつく力の強いフェライト磁石でも実験をすることができます。

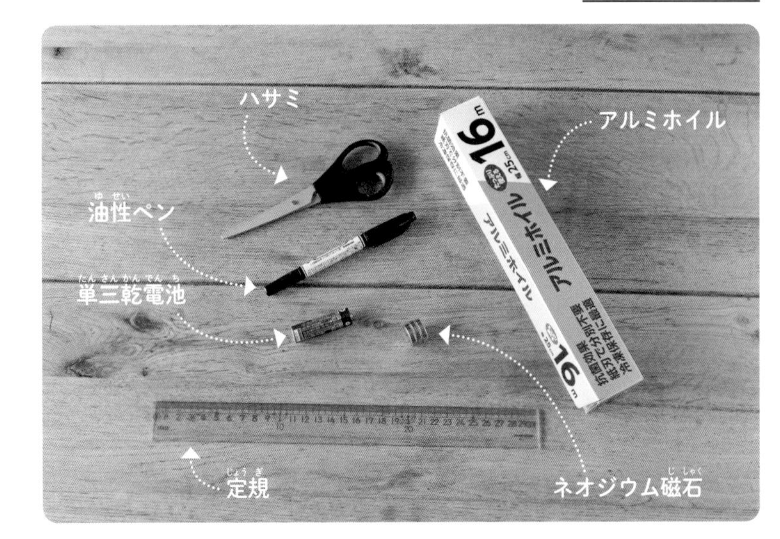

手順

1

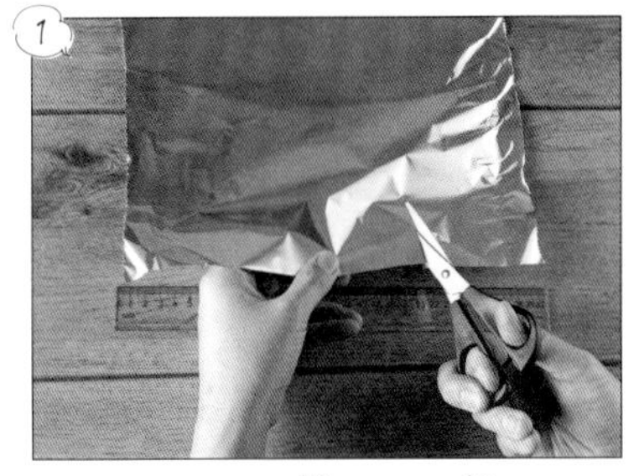

アルミホイルを縦20㎝、横15㎝の大きさに切る。

2

①の横を3つに折り、5㎝の帯にする。

3

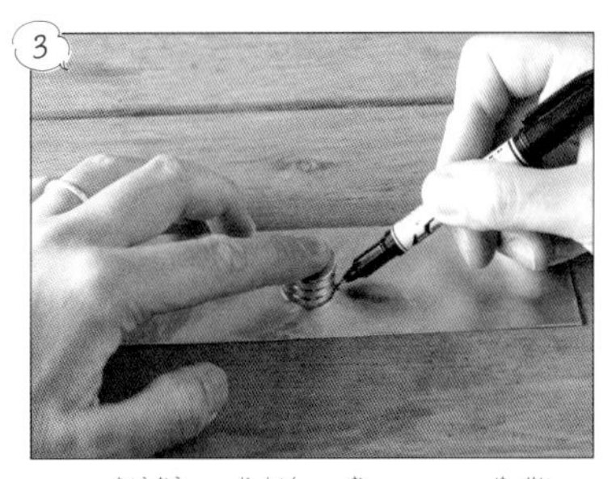

②の中央に磁石を置いて、油性ペンで大きさをうつす。

4

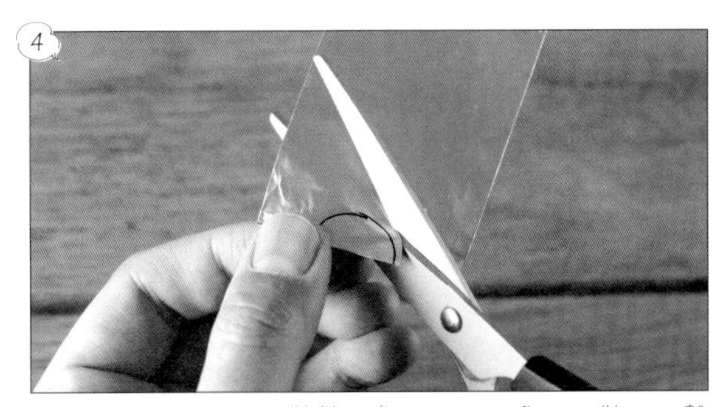

③のアルミホイルを半分に折り、③で引いた線より少し外側を切って穴をあける。

5

④を開いて円にする。

⑥

⑤のアルミホイルが重なった部分をつまんでねじり、左右を固定するとともに出っぱりを作る。

⑦

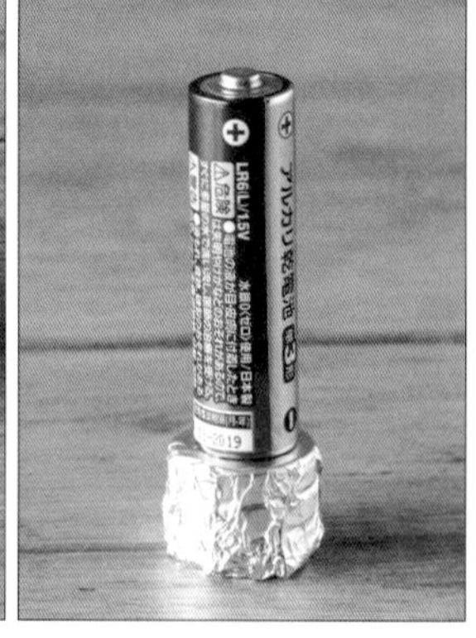

2cmほどの厚さに磁石を重ね、でこぼこにならないようにアルミホイルを巻いて上に単三乾電池を置く。

⑧

⑦に⑥の穴を通し、アルミホイルが下の磁石に触れるようにする。

⑨

手を離すと、アルミホイルがひとりでに回り始める。

ここに注意！

アルミホイルの輪が縦に長すぎると、テーブルなどにぶつかってしまい、回転しにくくなります。そのため、右のように少し輪を縦につぶして横長にすることで、回転しやすくすることができます。

×

○

どうしてそうなるの？

アルミホイルに電気が流れると、アルミホイル自体に磁石と同じ磁力が発生します。この実験では、アルミホイルの輪によって乾電池のプラス極とマイナス極がつながれるため、アルミホイルに電気が流れて磁力が発生しているのです。その磁力が乾電池の磁石の磁力と反応してアルミホイルが押されるため、アルミホイルが回転します。そのため、使う磁石のくっつく力が強いほど、アルミホイルは勢いよく回転します。

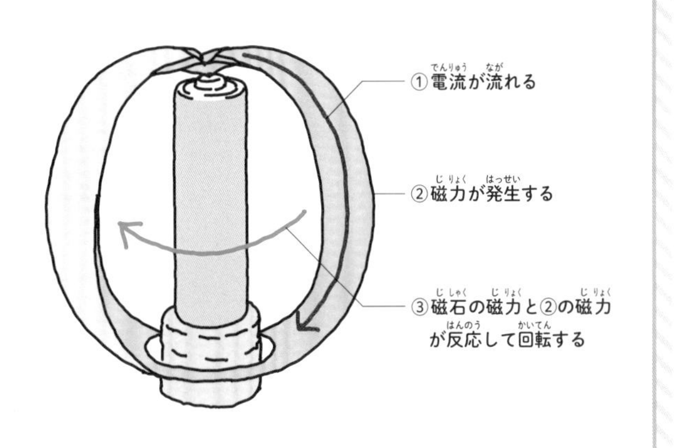

ちょいとひと工夫！

電池や磁石の大きさを変えたり、アルミホイルの形を変えたりすると、どのように回転するでしょうか。さまざまなものを作って、回転のしかたのちがいを観察してみましょう。

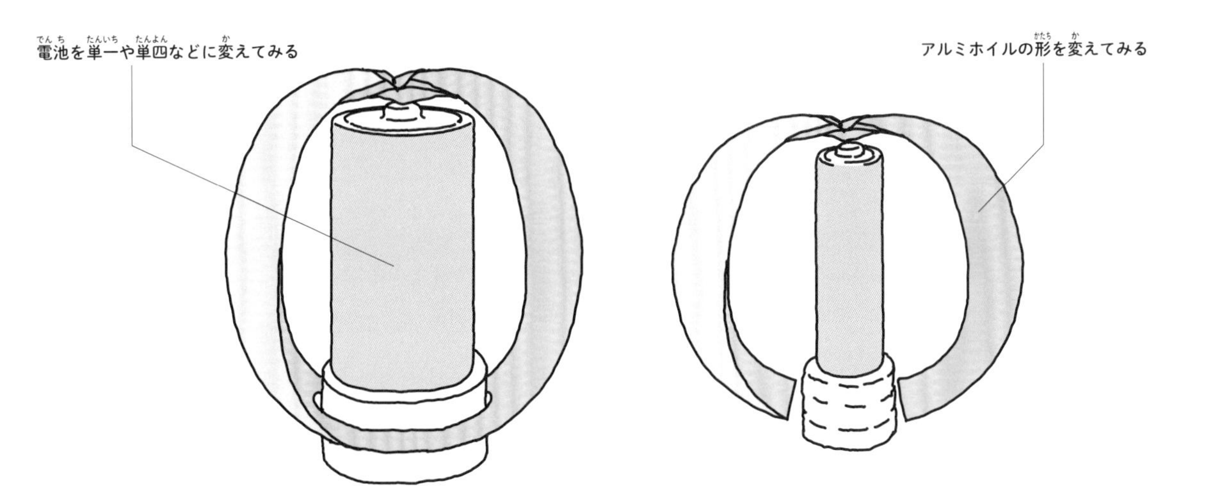

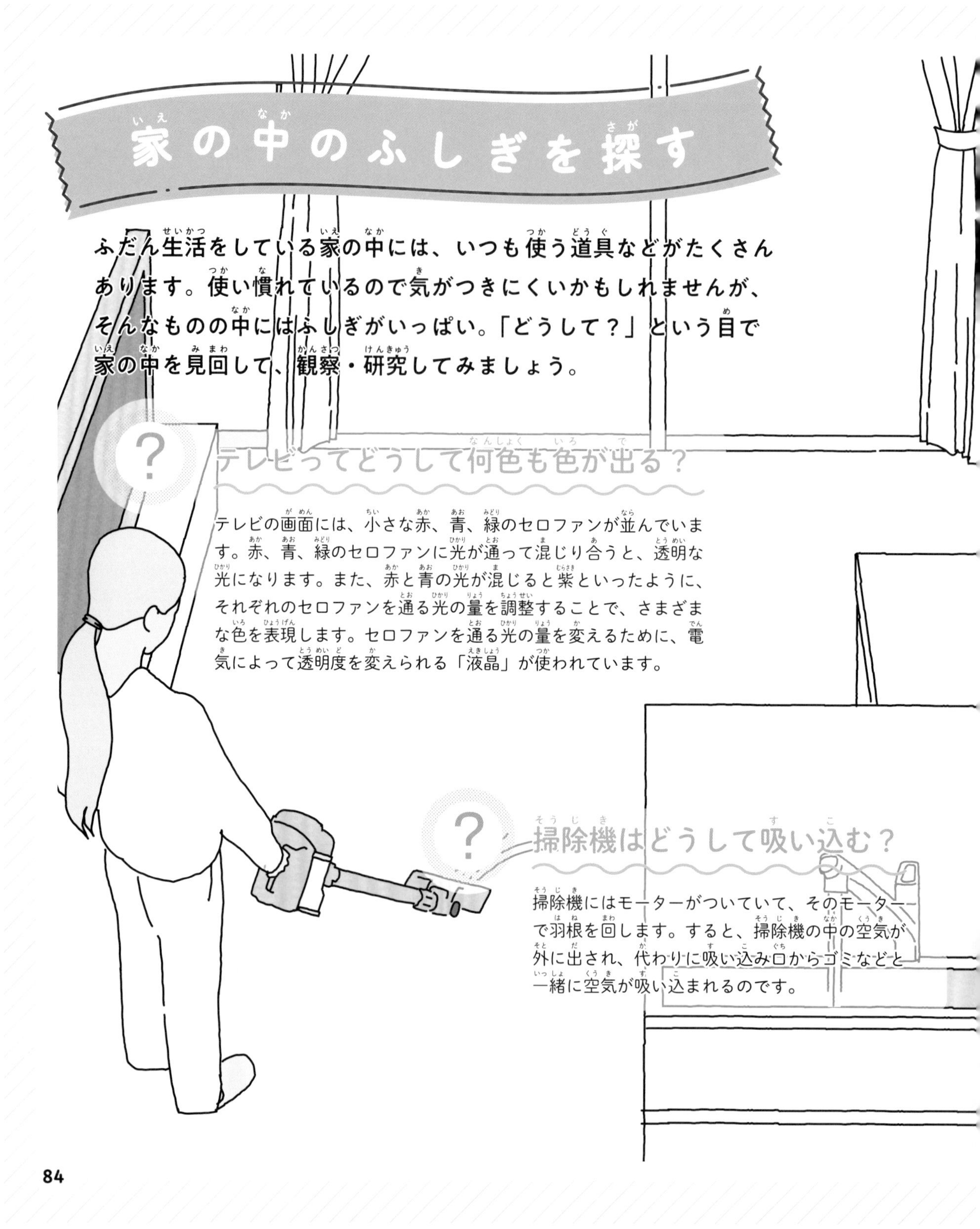

家の中のふしぎを探す

ふだん生活をしている家の中には、いつも使う道具などがたくさんあります。使い慣れているので気がつきにくいかもしれませんが、そんなものの中にはふしぎがいっぱい。「どうして？」という目で家の中を見回して、観察・研究してみましょう。

テレビってどうして何色も色が出る？

テレビの画面には、小さな赤、青、緑のセロファンが並んでいます。赤、青、緑のセロファンに光が通って混じり合うと、透明な光になります。また、赤と青の光が混じると紫といったように、それぞれのセロファンを通る光の量を調整することで、さまざまな色を表現します。セロファンを通る光の量を変えるために、電気によって透明度を変えられる「液晶」が使われています。

掃除機はどうして吸い込む？

掃除機にはモーターがついていて、そのモーターで羽根を回します。すると、掃除機の中の空気が外に出され、代わりに吸い込み口からゴミなどと一緒に空気が吸い込まれるのです。

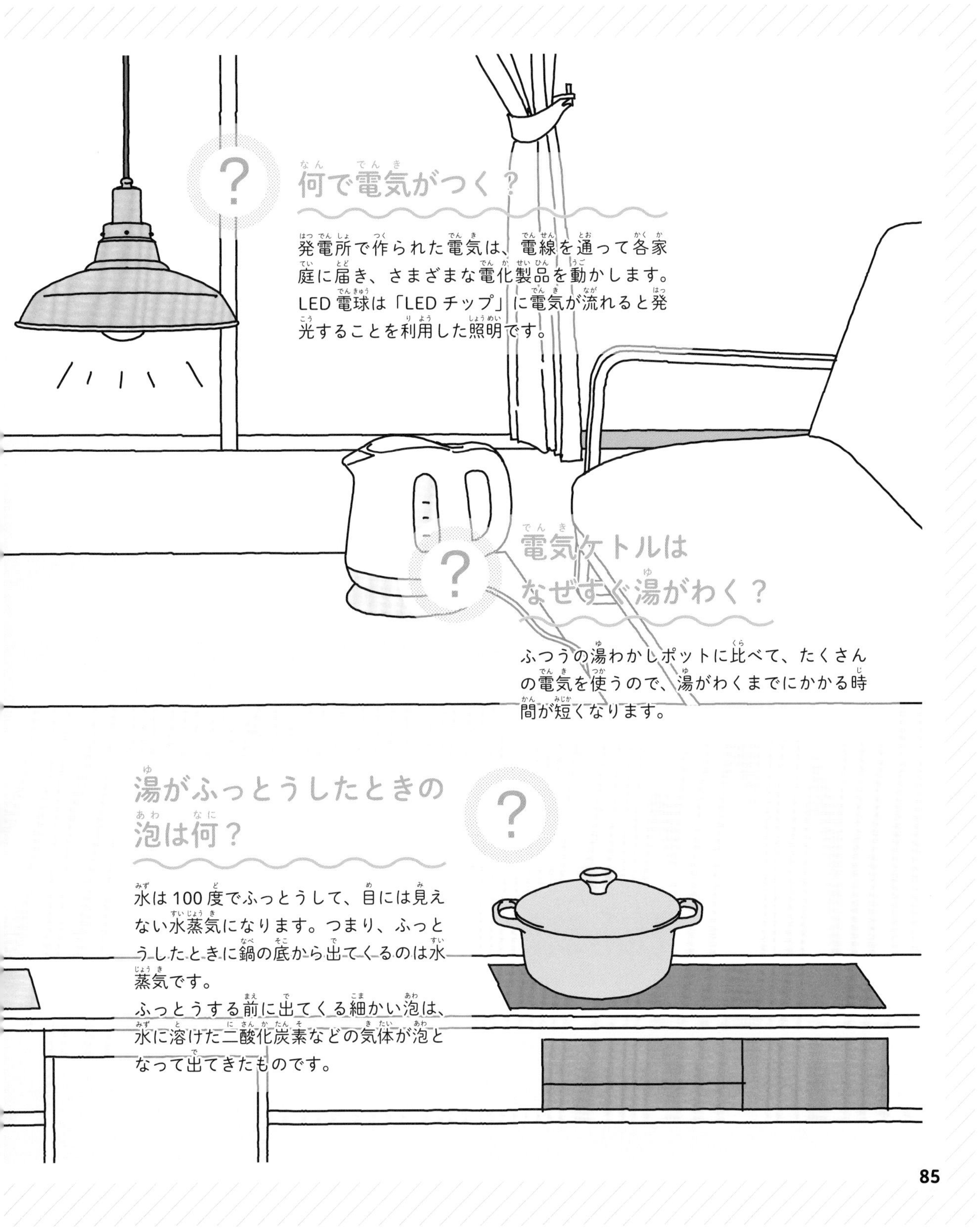

何で電気がつく？

発電所で作られた電気は、電線を通って各家庭に届き、さまざまな電化製品を動かします。LED電球は「LEDチップ」に電気が流れると発光することを利用した照明です。

電気ケトルはなぜすぐ湯がわく？

ふつうの湯わかしポットに比べて、たくさんの電気を使うので、湯がわくまでにかかる時間が短くなります。

湯がふっとうしたときの泡は何？

水は100度でふっとうして、目には見えない水蒸気になります。つまり、ふっとうしたときに鍋の底から出てくるのは水蒸気です。
ふっとうする前に出てくる細かい泡は、水に溶けた二酸化炭素などの気体が泡となって出てきたものです。

第2章

外で実験

この章では、屋外でできる
実験のやり方を紹介します。
家の中でやるよりもダイナミックな
実験が楽しめます。
準備をして外に出てみましょう。

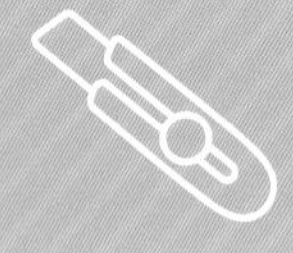

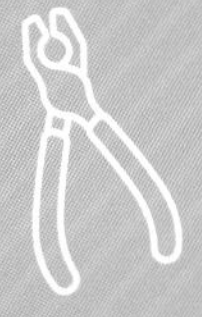

スーパーボールロケット

浮き上がるコップ

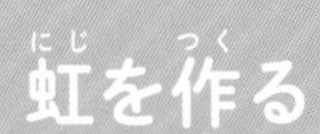

虹を作る

手作り花火

巨大シャボン玉

ソーラークッカー

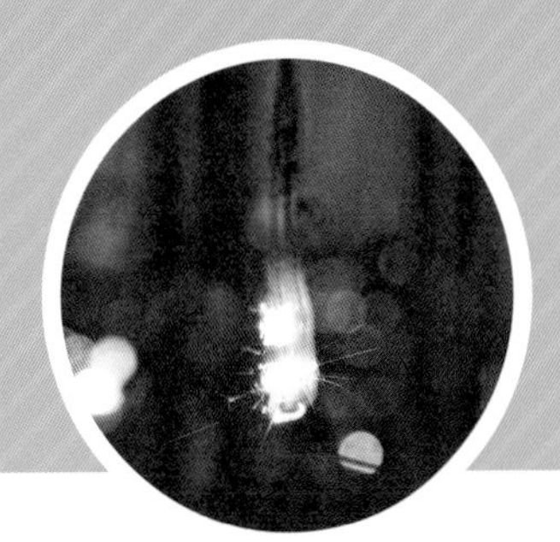

スーパーボール ロケット

2つのスーパーボールでできた発射台と
飛び出るロケット。
一見地味に見えますが、このロケット、
信じられないくらいに高く
飛び上がります。

用意するもの

スーパーボールは大きさのちがうものを１つずつ用意します。ハンドドリルはホームセンターや100円ショップで買うことができます。直径3㎜の穴があけられるものを選びましょう。

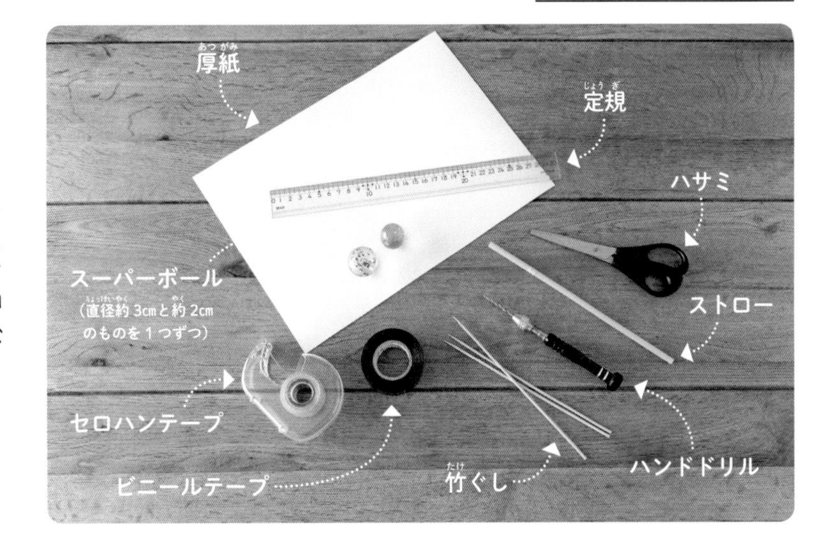

手順

1

大きなスーパーボールに竹ぐしをゆっくりと2cmほどさす。

2

小さなスーパーボールのまん中にハンドドリルで穴をあける。

3

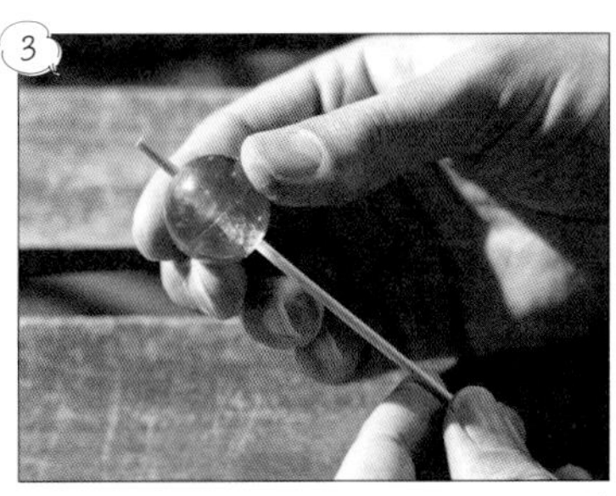

2に竹ぐしを通し、スムーズに動くようになるまで、穴を広げる。

4

3を1の竹ぐしに通す。

5

ストローを7cmの長さに切る。

6

5のストローの端にビニールテープを３回巻きつける。

7

厚紙の角を三角形に切る。同じものを 2 枚用意する。

8

6のビニールテープが巻かれているのとは逆側にセロハンテープで7をロケットの羽になるようにはる。

9

4に8をセットする。竹ぐしを持ち、腕をまっすぐに伸ばしてかまえる。

10

竹ぐしから手をはなしてまっすぐに落とす。

ここに注意！

ここで紹介したロケットは、落とした高さの何倍も飛び上がります。そのため、のぞき込むようにして落とすと、飛び上がったロケットが目などに当たることもあり、危険です。ロケットを飛ばすときには、のぞき込まないようにしましょう。

どうしてそうなるの？

ある高さからボールなどを落とすと、地面などにはね返って同じ高さまでもどってくることはありません。これは、はね返るときに、もっていたエネルギーを失うからです。しかし、ボールの上にもう1つボールが重なっていたり、ロケットが重なっていたりすると、下のボールのはね返る力を、上に重なったボールやロケットがもらうので、高く飛び上がることができるようになるのです。

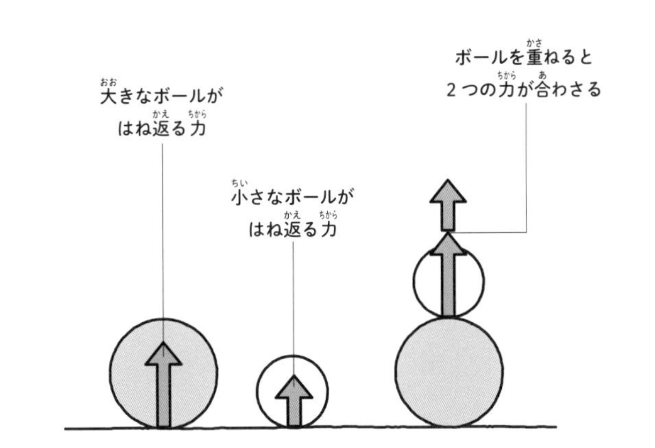

ちょいとひと工夫！

今回の実験では、スーパーボールが2段になるようにロケットを作りましたが、もっと多くのスーパーボールを使っても同じようにロケットを飛ばすことができます。3段や4段のものも作り、飛び方のちがいを観察しましょう。逆に1段でも飛距離は落ちますがロケットを飛ばすことができます。

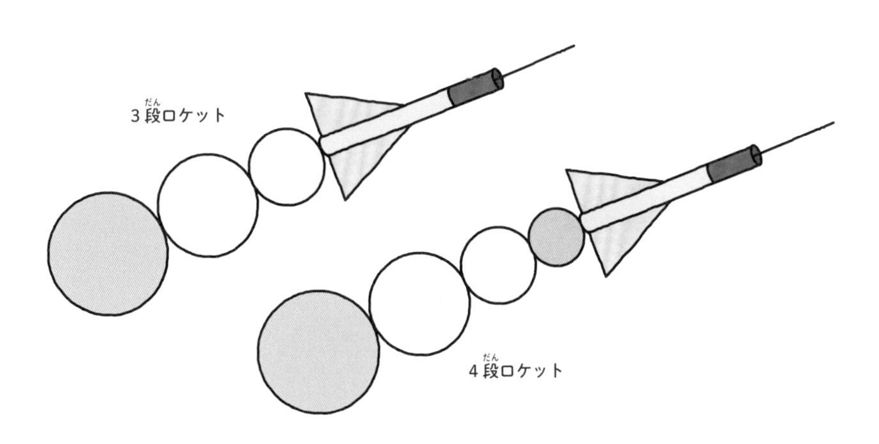

浮き上がるコップ

手からはなれた紙コップが
フワッとふしぎな軌道で飛んでいます。
なぜ、こんな飛び方をするのでしょうか。
魔法のような紙コップを作ってみましょう。

用意するもの

紙コップは同じ大きさのものを2つ用意します。クリップは折り曲げるので、小さくて細いもののほうがあつかいやすいです。

手順

① 2つの紙コップの底同士をくっつけ、セロハンテープで3～4か所とめる。

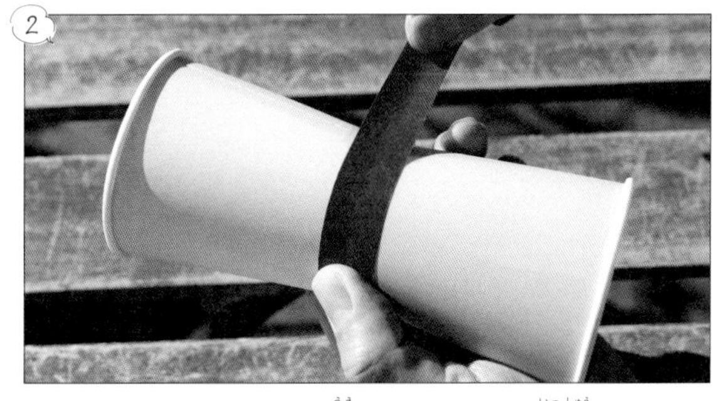

② ①のセロハンテープの上からぐるっと一周ビニールテープを巻き、紙コップを固定する。

③ クリップをペンチで折り曲げて、このような形にする。

④ ②のビニールテープの上に、③のクリップをビニールテープで固定する。

5

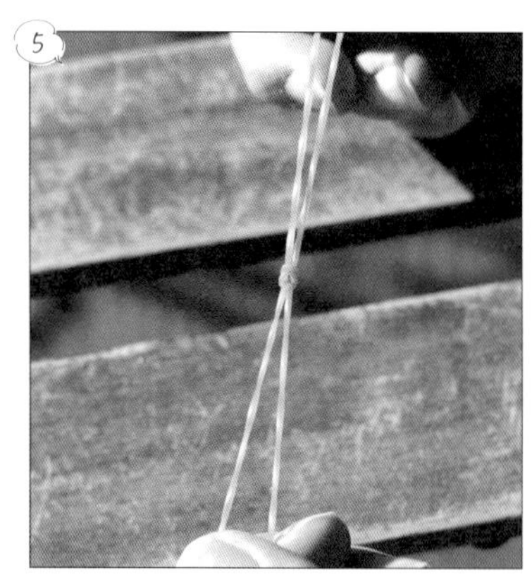

輪ゴム２本をつなげて長くする。

6

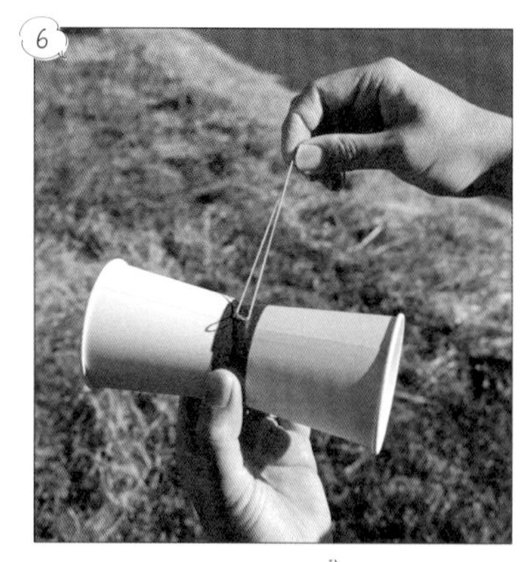

5を4のクリップに引っかける。

7

そのまま紙コップに輪ゴムを１本分巻きつける。

8

輪ゴムを持った手を上に伸ばし、かまえる。

9

紙コップを持った手を離し、発射する。うまくいくと、紙コップがもどってくる。

ここに注意！

紙コップにはクリップがついているので、回転しながらガラスなどに当たると、ガラスなどが割れてしまうことがあります。そのため、この実験は室内では行わず、かならずまわりに誰もいないところ、何もないところでやりましょう。

どうしてそうなるの？

ある物体が高速で回転しながら空気中を飛ぶとき、物体が進む向きの横向きに力がかかり、物体は曲がって進みます。このことをマグヌス効果といい、野球のピッチャーが投げるほとんどの変化球も同じ原理で曲がります。

マグヌス効果は、物体の回転によって、物体のまわりに空気の少ないところと多いところができ、空気の少ないところに物体が引きつけられるために起こります。

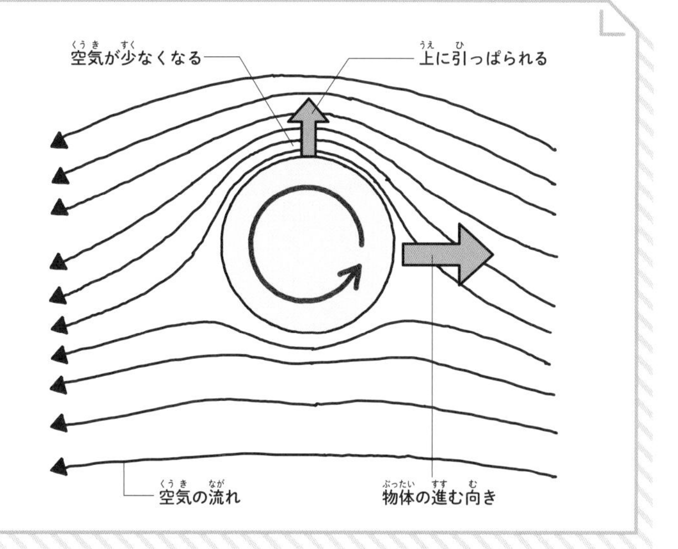

ちょいとひと工夫！

マグヌス効果は、今回紹介した実験以外にもさまざまな実験で見ることができます。下のイラストのようなものを作って投げてみて、どんな飛び方をするか観察してみましょう。

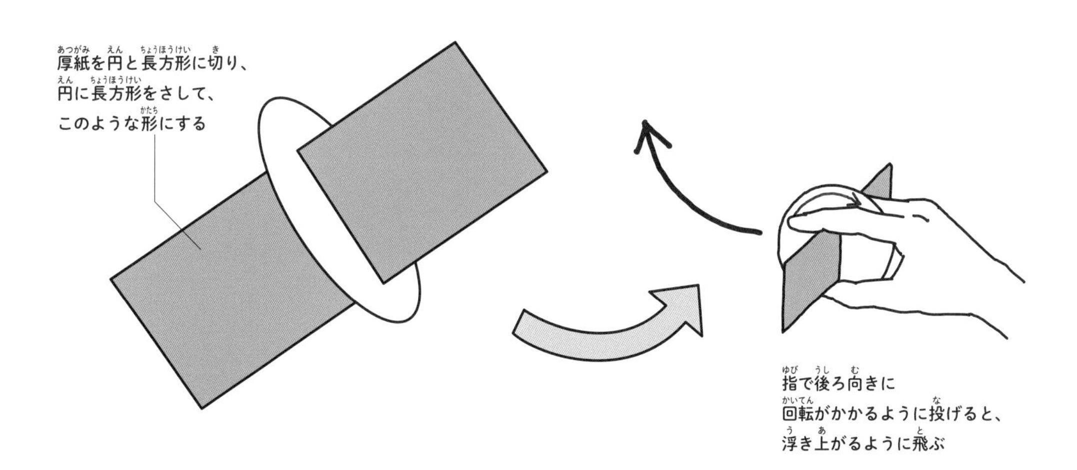

虹を作る

空にかかる虹。
何だかずいぶん近くにあるような……？
それもそのはず、この虹は
きり吹きの水によって、
目の前に作り出されているのです。

用意するもの

きり吹きは、なるべく勢いよく水が出るものを２つ用意します。１つでも実験をすることはできますが、2つのほうが、より濃い虹を作ることができます。

手順

1

太陽の位置を確認する。太陽の位置があまり高くないほうが虹ができやすい。

2

太陽に背中を向け、正面に自分の影ができるように立つ。

3

水の入ったきり吹きを「ハ」の字になるように持つ。

4

③のまま、きり吹きを顔の横まで持ってきて、何度も連続で水を出す。

ここに注意！

風が強いときり吹きの水が飛ばされて虹を見ることができません。風の弱い日に実験するようにしましょう。

5

太陽の位置が低い場合、目の前の少し上に虹ができる。太陽の光が弱いと虹の色もうすくなるので、見逃さないように観察をする。水が飛んでいないと虹はできないので、水はきり吹きから出し続ける。

どうしてそうなるの？

71ページで紹介したように、光は水に当たると屈折して（曲がって）進み、そのときに色が分かれるために、7色になります。この実験で作り出した虹でも同じことが起こっていて、空中の細かい水の粒によって、光が曲げられるため、虹になります。
きり吹きだけでなく、街中の噴水などでも同じように虹を見ることができます。

ちょいとひと工夫！

雨が上がり急に晴れると虹が出やすいです。朝や夕方にそんな天気になったら、太陽の反対の空に本物の虹を探してみましょう。

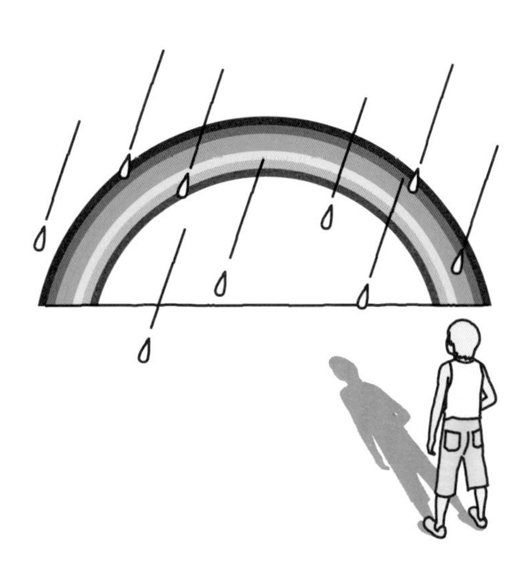

手作り花火

パチパチとはじける花火。
売られている線香花火と
火の出方はあまり変わらないように
見えますが、
この花火はかんたんに
手作りできます。

用意するもの

スチールウールは、金属をみがくときなどに使うもので、ホームセンターなどで買うことができます。
毛糸はウールのものでも化学繊維のものでも実験することができます。

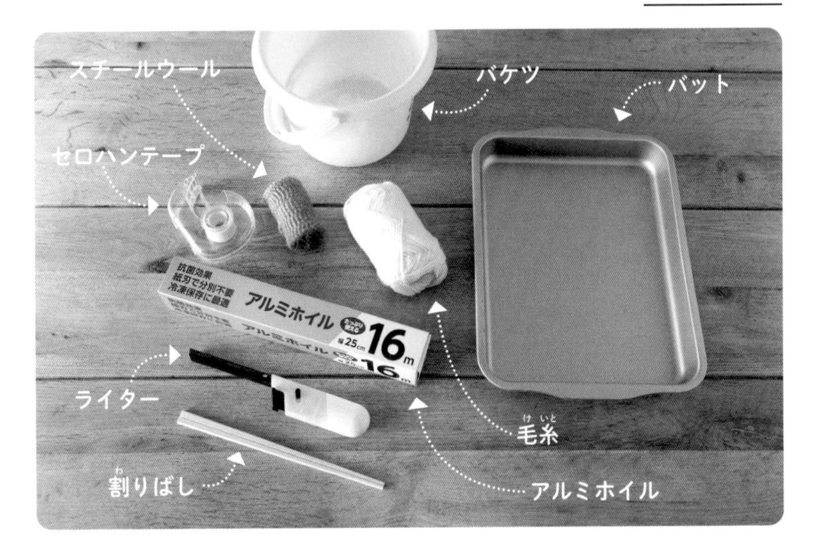

手順

① スチールウールを伸ばしたりして、細かくし、バットに集める。

② スチールウール同士がくっついてかたまりにならないようにならしておく。

③ 割りばしを割り、2本ともアルミホイルを巻きつける。

④ ③で20cmほどの長さに切った毛糸をはさむ。

④にセロハンテープを巻いて固定する。

⑤の毛糸に②の細かくしたスチールウールをまんべんなくまぶす。

バットを下にしき、⑥の毛糸の先端にライターで火をつけると、パチパチとはじけながら燃える。

火が消えたら、水をくんでおいたバケツにつけて、完全に消火する。

ここに注意！

この花火のスチールウールは燃えながら下に落ちることがあります。もし下に燃えるものがあったら、燃え広がるおそれがあり、危険です。そのため、花火の実験をするときには、かならず下に燃えないバットなどを置くようにしましょう。

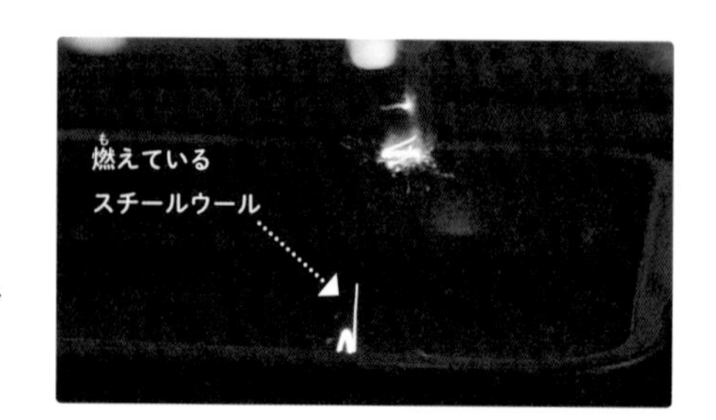

どうしてそうなるの？

スチールウールは鉄です。同じ鉄でもクギなどは燃える（燃焼する）ことはありませんが、スチールウールは燃えます。ものが燃えるには、空気中の酸素と結びつかなければいけませんが、クギだと大きさに比べて酸素に触れる面積が小さくて、あまり酸素と結びつけないのです。それに対してスチールウールは細い毛状になっているので、表面の面積が広く、空気中の酸素にたくさん結びつくことができます。そのため、スチールウールは燃えるのです。

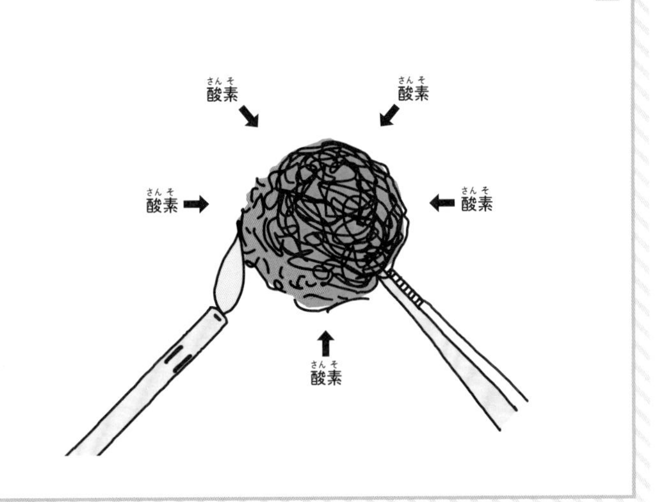

ちょいとひと工夫！

今回の実験では、スチールウールを使って花火を作りましたが、細かな鉄であれば、同じように花火を作ることができます。スチール缶をやすりで削ってできた粉でも花火を作ってみましょう。

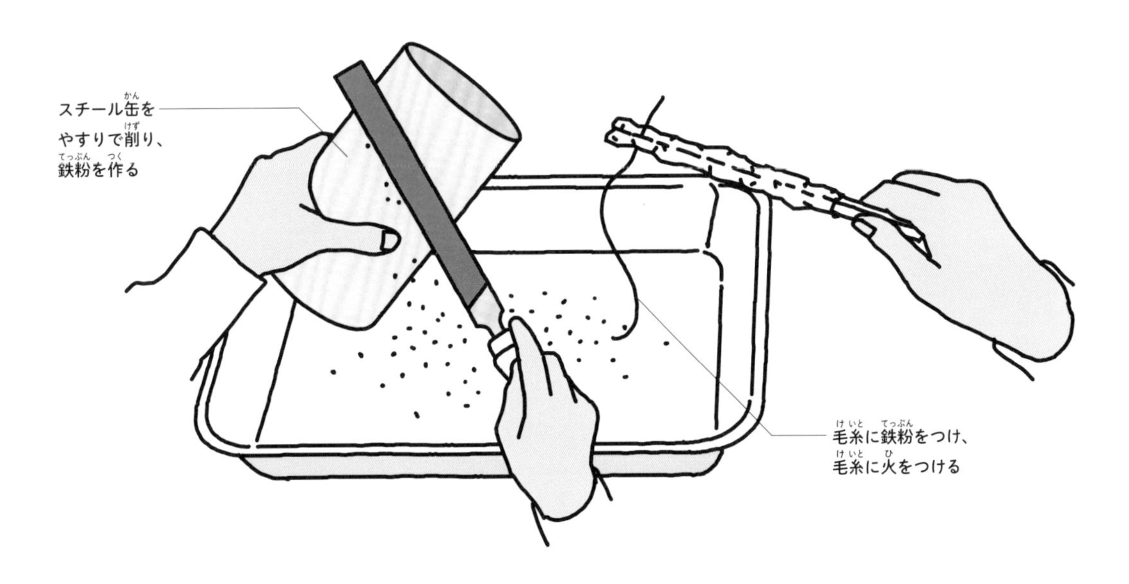

巨大シャボン玉

ぐわーっと伸びる透明なもの。
これはとても大きなシャボン玉です。
どうやったら、こんなモンスターのような
シャボン玉ができるのでしょうか。

用意するもの

今回の実験では、食器用洗剤は界面活性剤が38%のものを使用しています。より濃度が高ければ食器用洗剤の量を減らし、濃度が低ければ量を増やして調整します。オーブンの天板は、円形に広げた針金ハンガーが入る大きさの器であれば、ほかのものでもできます。

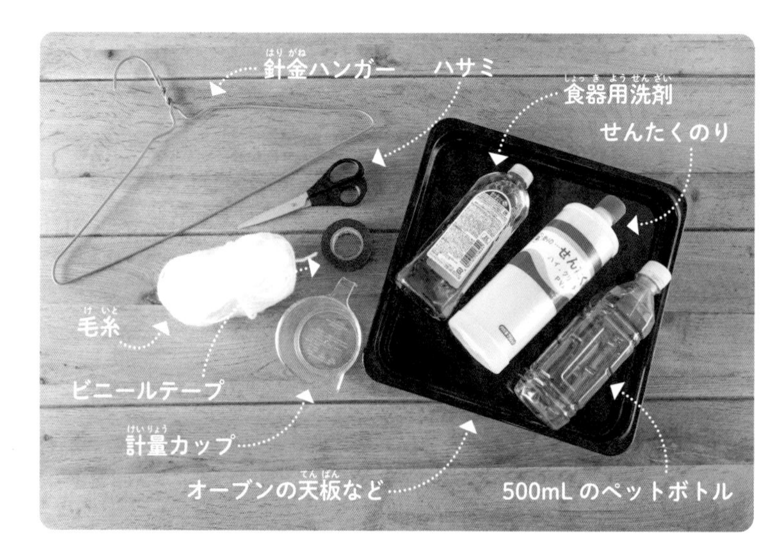

手順

1
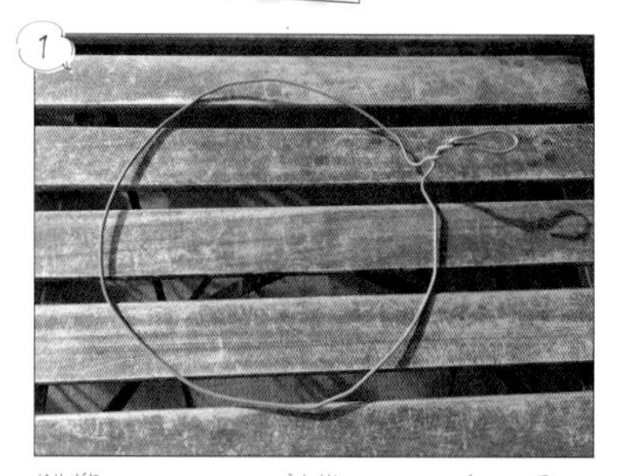
針金ハンガーを円形にし、持ち手の部分を折り曲げる。

2

1に毛糸をぐるぐると巻きつけていく。

3
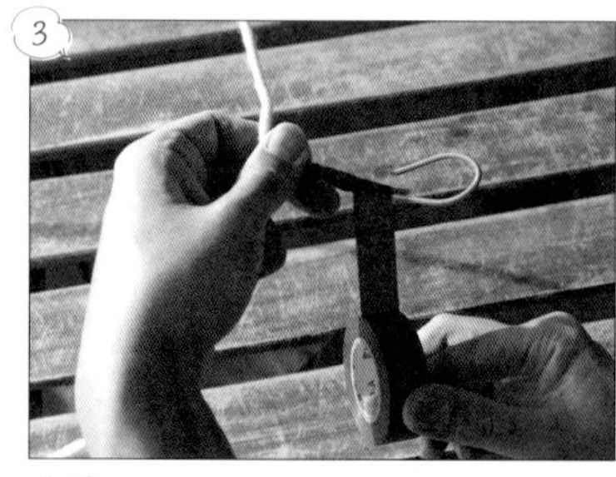
毛糸のはじめとおわりを、ビニールテープを巻いてとめる。

4
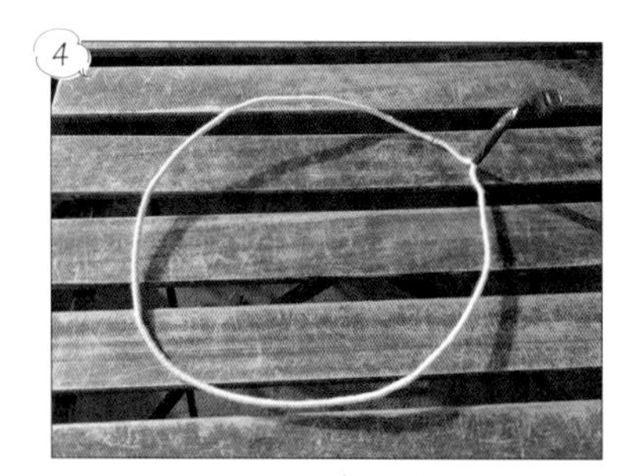
ビニールテープで持ち手をおおっておくと持ちやすくなる。

5

ペットボトルに水 200mL、せんたくのり 100mL、食器用洗剤 100mLを入れる。

6
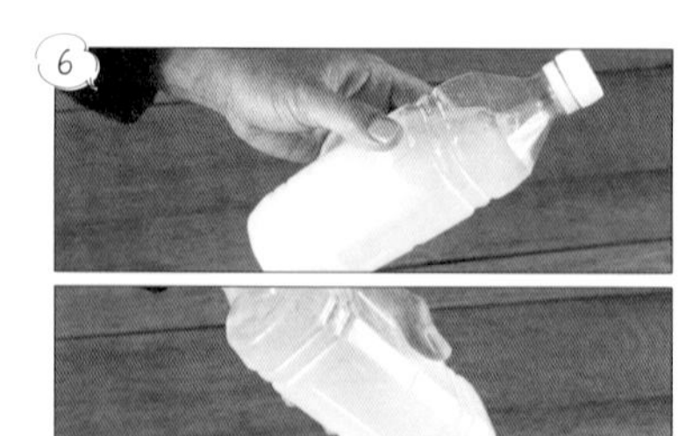
5のふたをしめ、泡立たないように静かに混ぜる。

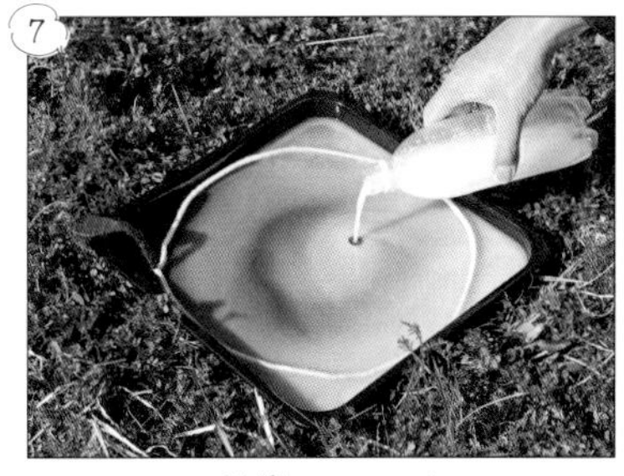

⑦ オーブンの天板に⑥を入れ、④をひたす。

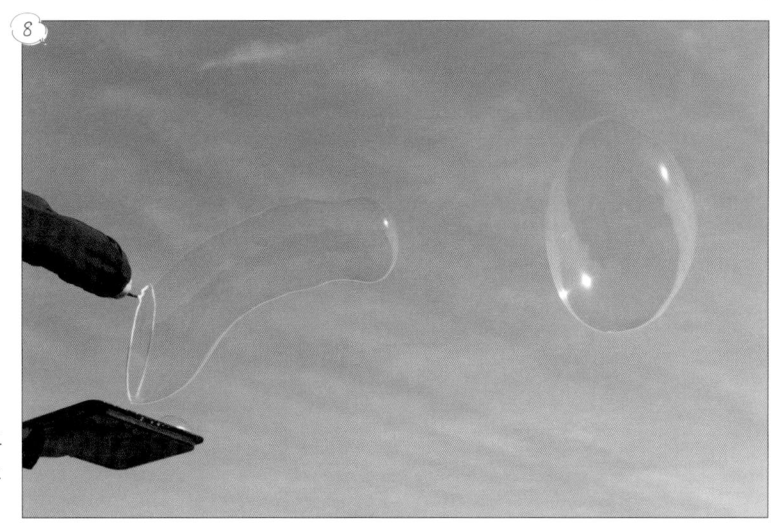

⑧ ⑦の針金ハンガーを持ち上げて振ったり、風に当てたりしてシャボン玉を飛ばす。

どうしてそうなるの？

75ページで紹介したように、洗剤には水の表面張力を弱くする働きがあります。水だけだと、表面張力が強すぎてシャボン玉のようなうすい膜にはなりませんが、洗剤で表面張力が弱まることで膜状になることができるようになります。さらに、せんたくのりを入れることによって、膜にねばりが出て割れにくくなります。そのため、巨大シャボン玉ができるのです。

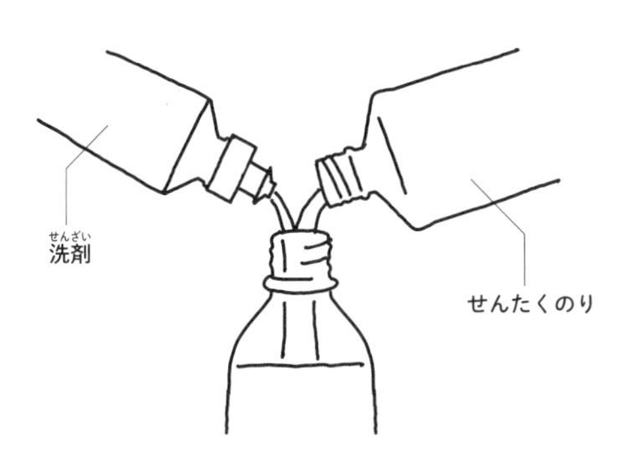

＼ちょいとひと工夫！／

空中に浮いているシャボン玉に強く息を吹きかけてみましょう。うまくいくと、シャボン玉の中にシャボン玉ができます。

ソーラークッカー

銀色に光る傘の柄にある小さなカップ。
このカップの中にはウズラの卵が入っています。
この装置で、太陽光を集めれば、
火などを使わなくても目玉焼きができます。

用意するもの

アルミテープは幅約5cmで長さは20m分くらい用意します。傘はアルミテープをはるとたためなくなるので、安いビニール傘を使いましょう。アルミカップは直径5～6cmのもの、ダブルクリップは大きめのものを使います。

手順

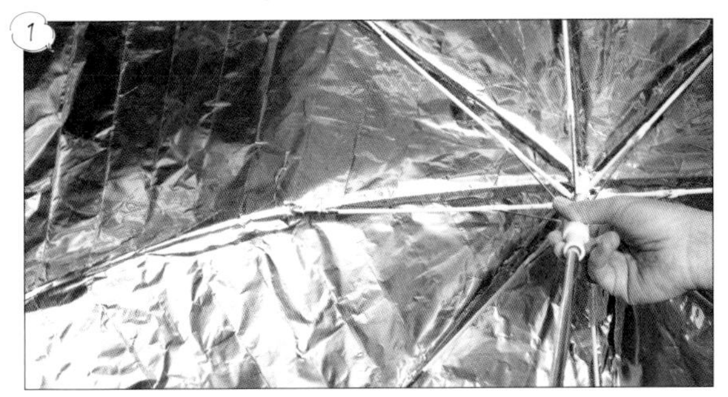

1 傘の内側全面にアルミテープをすき間なくはる。

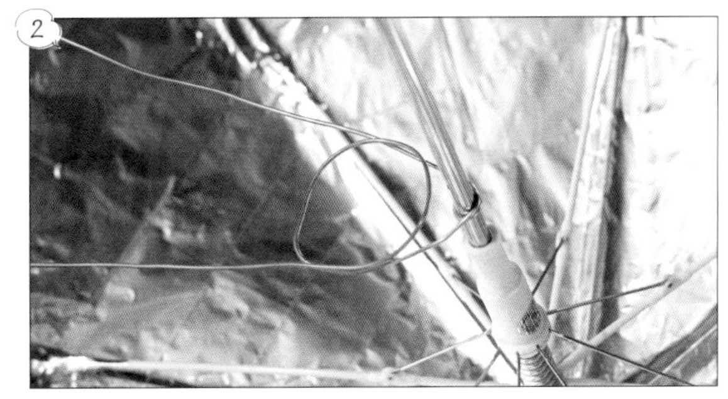

2 傘の中棒の上部に針金を巻きつけ、輪を作る。

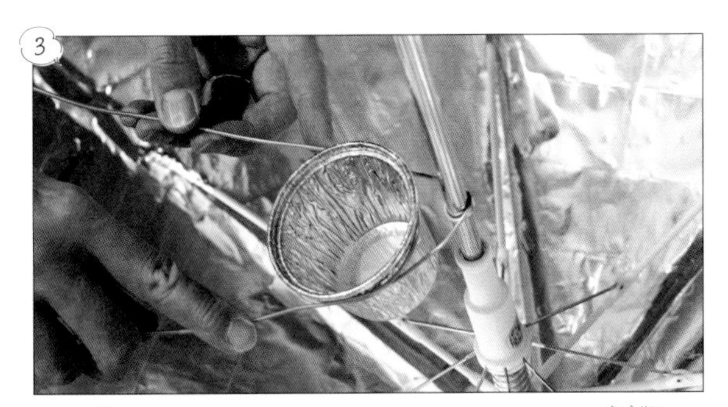

3 2の輪にアルミカップがちょうどはまるように調整し、あまった針金をペンチで切る。

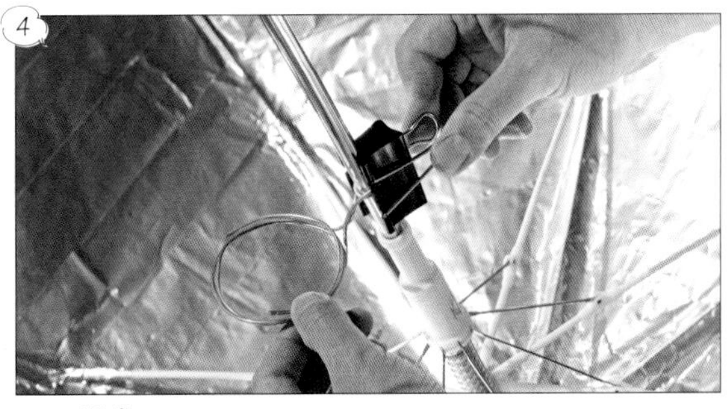

4 3の針金をダブルクリップでとめる。

5 傘の中棒を太陽に向け、持ち手近くに巻いた針金を地面にさして固定する。4の輪にアルミカップを入れて柄と同じ向きになるように調整する。

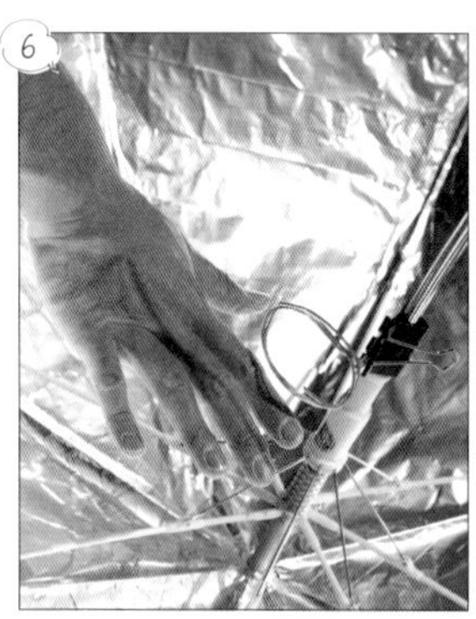

6 傘の中に手を入れて、いちばん温かく感じる場所に4の輪の位置を調整する。ウズラの卵を入れたアルミカップを針金の輪にのせ、しばらく待つ。

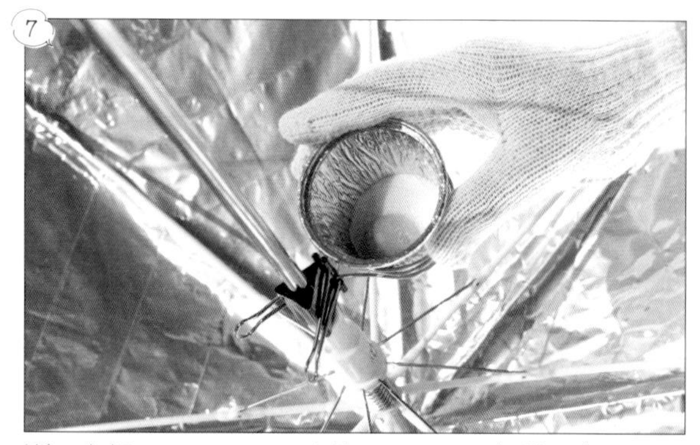

7 卵が過熱されるまでは時間がかかる。太陽の向きが変わったら、合わせて傘の向きも調整する。卵に火が通ったら、軍手をしてアルミカップを取り出す。

ここに注意！

火などを使っているわけではありませんが、アルミのカップは高温になります。素手でさわるとやけどをしてしまうことがあるので、アルミカップを取り出すときには、かならず軍手をするようにしましょう。

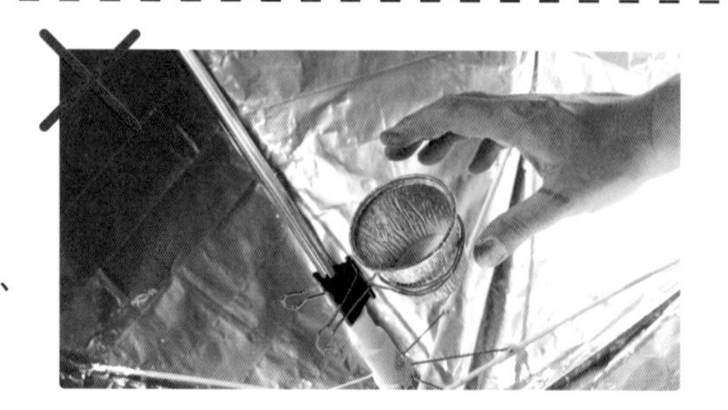

どうしてそうなるの？

電波を受信するためのアンテナに皿型のパラボラアンテナというものがあります。これは、電波が皿面に当たってはね返ることで1か所に集まり、強い電波となることで、テレビの映像などが見られるようになるアンテナです。
今回の実験でも、パラボラアンテナと同じことをしています。太陽光が1か所に集まることで強くなり、高温になります。そのため、卵に火が通って目玉焼きができるのです。

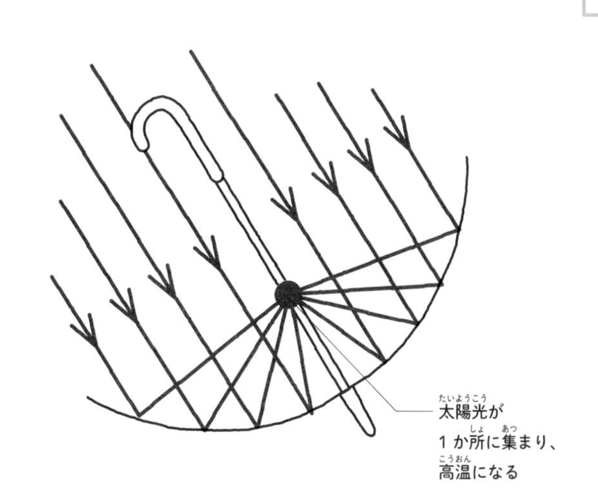

ちょいとひと工夫！

太陽光を傘などで集めなくても、水を温めることが可能です。ペットボトル2本に水を入れ、片方には黒いビニールテープを巻いて太陽光に当ててみましょう。すると、太陽光を吸収しやすい黒いペットボトルのほうが温度が早く上がります。

2本のペットボトルにそれぞれ水を入れ、片方には黒いビニールテープを巻く

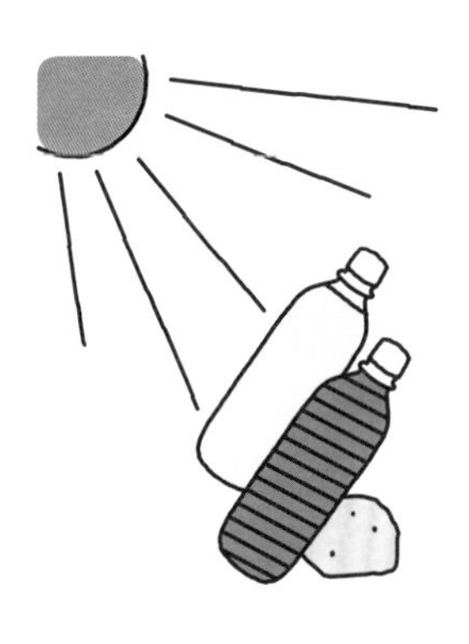

太陽光がよく当たるように、2本のペットボトルを置く

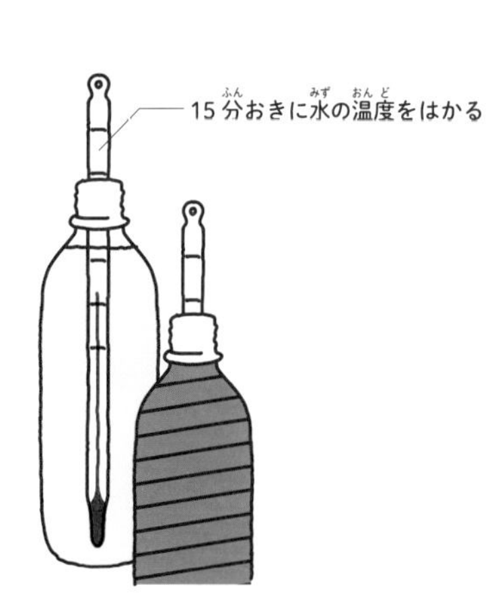

外のふしぎを探す

街中や公園、海、山、川など、屋外にはさまざまな環境があり、どこに行ってもふしぎをたくさん見つけられます。自然の現象や人が作り出した機械など、さまざまなものを観察してみて、「どうしてそうなるのか」を考えたり調べたりしてみましょう。

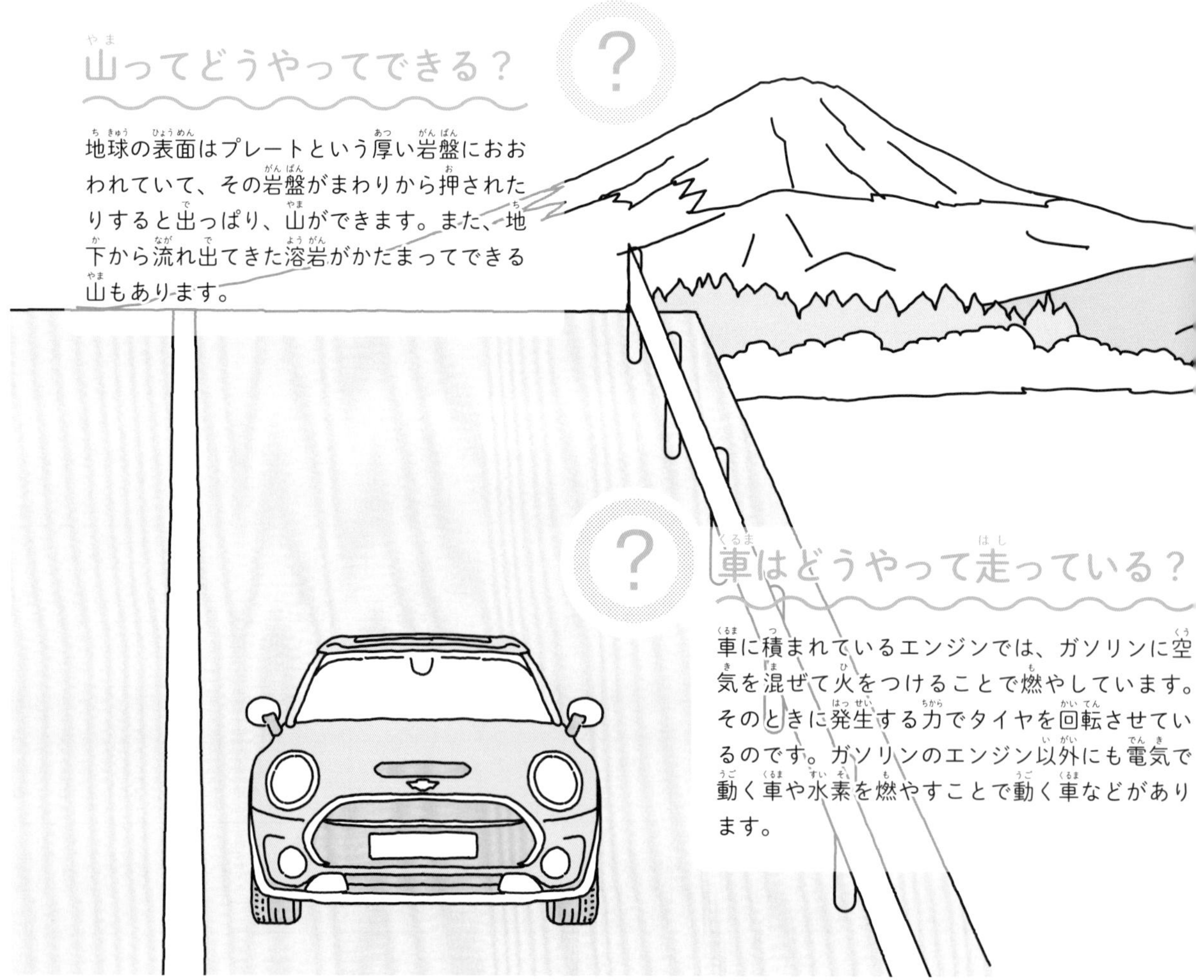

山ってどうやってできる？

地球の表面はプレートという厚い岩盤におおわれていて、その岩盤がまわりから押されたりすると出っぱり、山ができます。また、地下から流れ出てきた溶岩がかたまってできる山もあります。

車はどうやって走っている？

車に積まれているエンジンでは、ガソリンに空気を混ぜて火をつけることで燃やしています。そのときに発生する力でタイヤを回転させているのです。ガソリンのエンジン以外にも電気で動く車や水素を燃やすことで動く車などがあります。

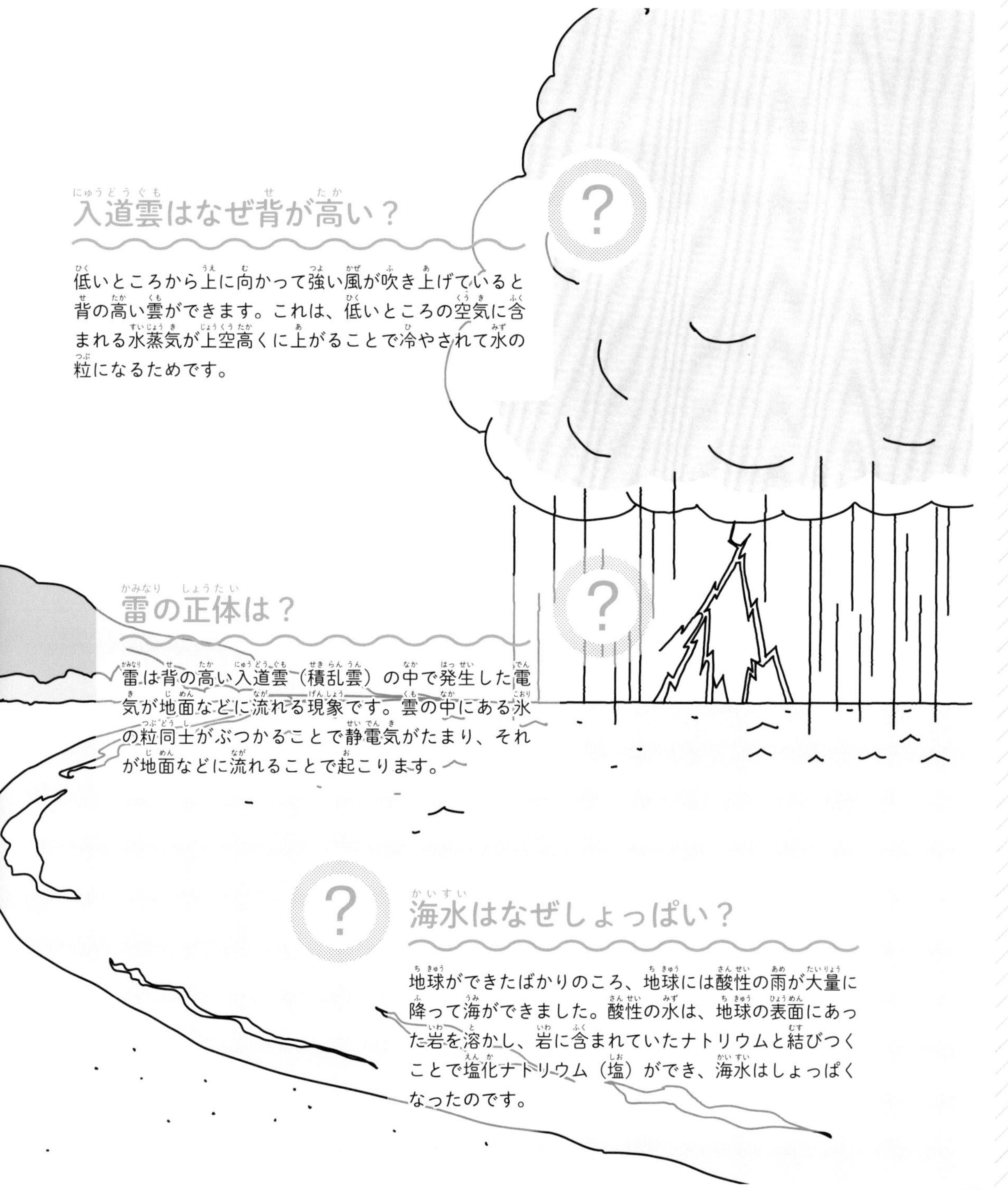

入道雲はなぜ背が高い？

低いところから上に向かって強い風が吹き上げていると背の高い雲ができます。これは、低いところの空気に含まれる水蒸気が上空高くに上がることで冷やされて水の粒になるためです。

雷の正体は？

雷は背の高い入道雲（積乱雲）の中で発生した電気が地面などに流れる現象です。雲の中にある氷の粒同士がぶつかることで静電気がたまり、それが地面などに流れることで起こります。

海水はなぜしょっぱい？

地球ができたばかりのころ、地球には酸性の雨が大量に降って海ができました。酸性の水は、地球の表面にあった岩を溶かし、岩に含まれていたナトリウムと結びつくことで塩化ナトリウム（塩）ができ、海水はしょっぱくなったのです。

生きもの・植物で実験

この章では、生きものや
植物を使った実験を紹介します。
生きものや植物ならではのふしぎな現象。
どんなものなのか、見てみましょう。

野菜ロケット

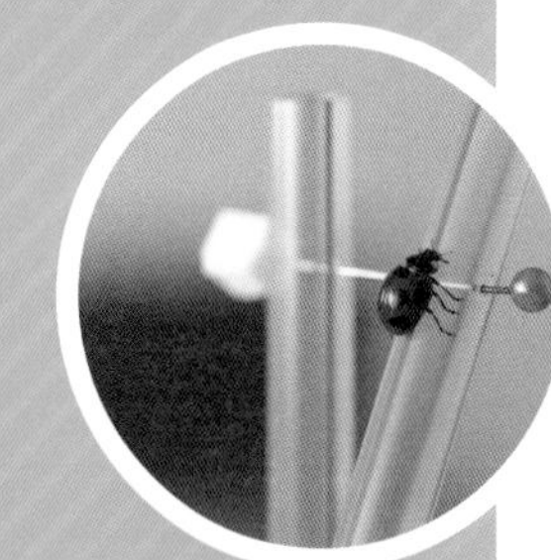

テントウムシのシーソー

メダカをあやつる

色が変わる水

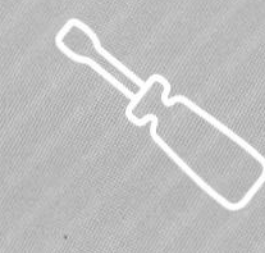

色の変わる花

タマネギの皮の染物

まん丸水滴

スケスケ卵

野菜ロケット

白い筒の先から
白い何かが飛び出しています。
発射台から飛び出るロケット……？
これは、いったい何が
起こっているのでしょうか。

用意するもの

フィルムケースは、インターネットなどで買うことができます。野菜は好きなものを２～３種類用意します。ジャガイモを使うと成功しやすいので、ぜひ加えましょう。薬包紙がない場合はラップを使います。オキシドールは薬局などで買いましょう。

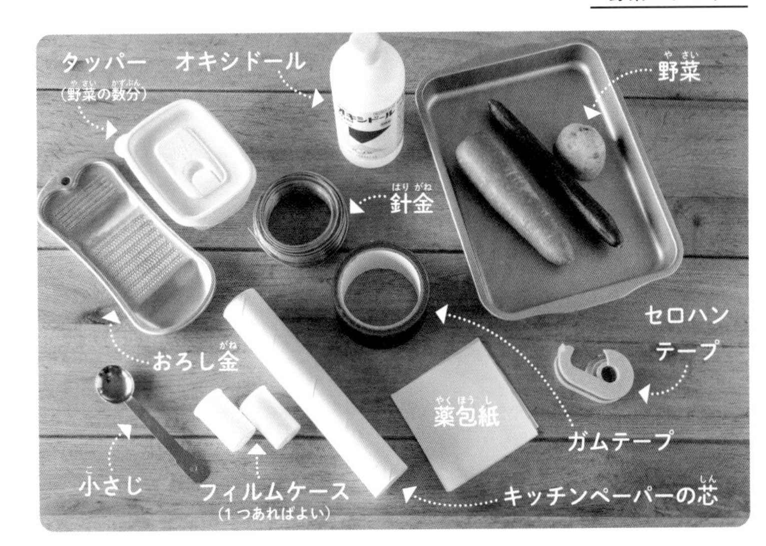

手順

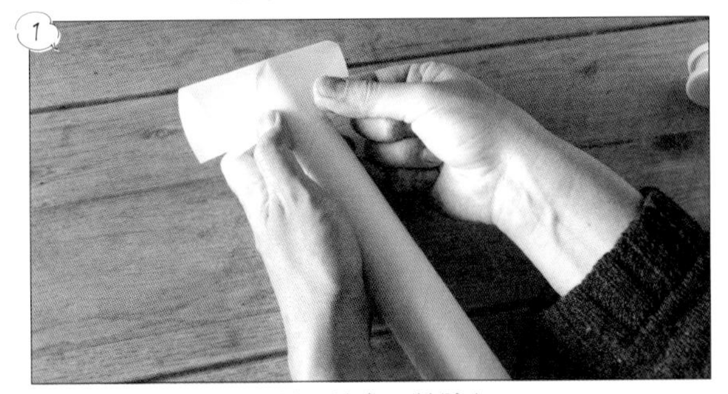

1 キッチンペーパーの芯の片側に薬包紙をセロハンテープでつけ、穴をふさぐ。

2 ①の薬包紙の上からガムテープをはり、破れにくくする。

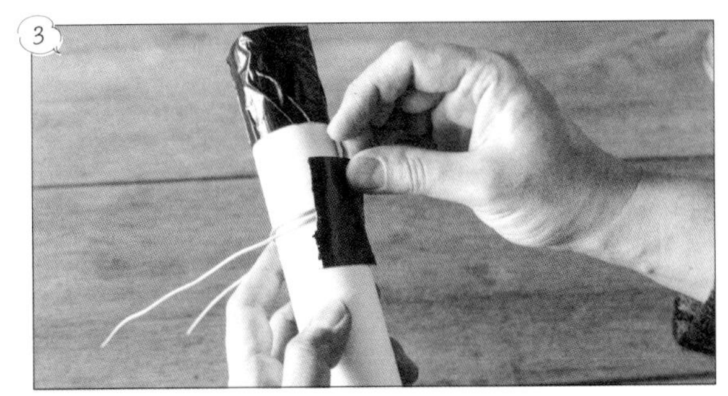

3 60cmほどに切った針金を②にぐるっと巻きつけ、ガムテープで固定する。

4 野菜を何種類かすりおろし、それぞれ別のタッパーに入れておく。

③の筒が地面に対して斜めになるように調整し、針金を地面にさして固定する。

フィルムケースにオキシドールを小さじ１入れる。

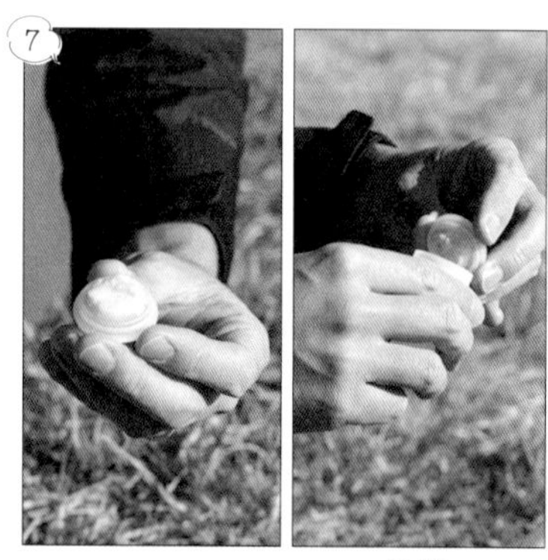

フィルムケースのふたの内側にすりおろした野菜を入れ、そのまま⑥にふたをする。

⑦を少し振って、ふたが下になるように⑤の筒に入れ、急いで離れる。

しばらくするとボンッという音とともにフィルムケースが発射される。

ここに注意！

野菜の種類や量によって、ロケットが発射されるまでにかかる時間はかなりばらつきがあります。そのため、しばらく待っても反応がないからといって、筒をのぞき込むのは絶対にやめ、発射されるまで近づかないようにしましょう。

どうしてそうなるの？

オキシドールは、カタラーゼという物質と混ざると、酸素を発生させる性質があります。野菜にもカタラーゼが含まれているため、オキシドールと混ざると酸素が発生します。
フィルムケース内でオキシドールと野菜が混ざると、酸素が発生し続け、酸素でぎゅうぎゅうの状態になります。そのため、フィルムケースのふたがたえきれなくなると、勢いよく飛び出すのです。フィルムケースとともに飛び出すのは、酸素の泡です。

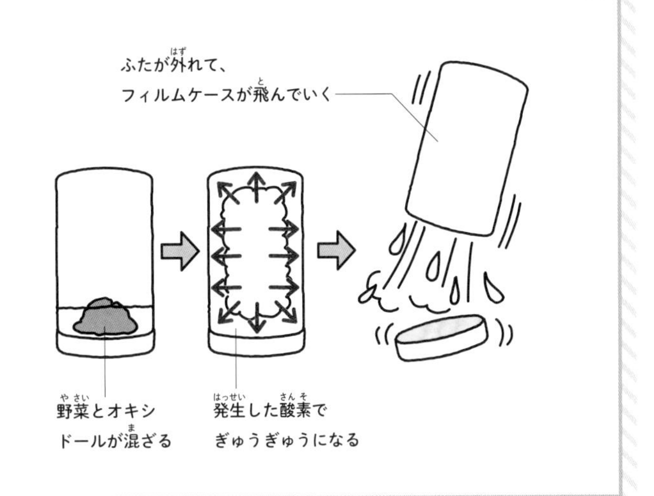

＼ちょいとひと工夫！／

カタラーゼはどんな物質に含まれているのか、さまざまなものを切ったりすりおろしたりしてオキシドールに混ぜて試してみましょう。泡が出るものはカタラーゼが含まれています。

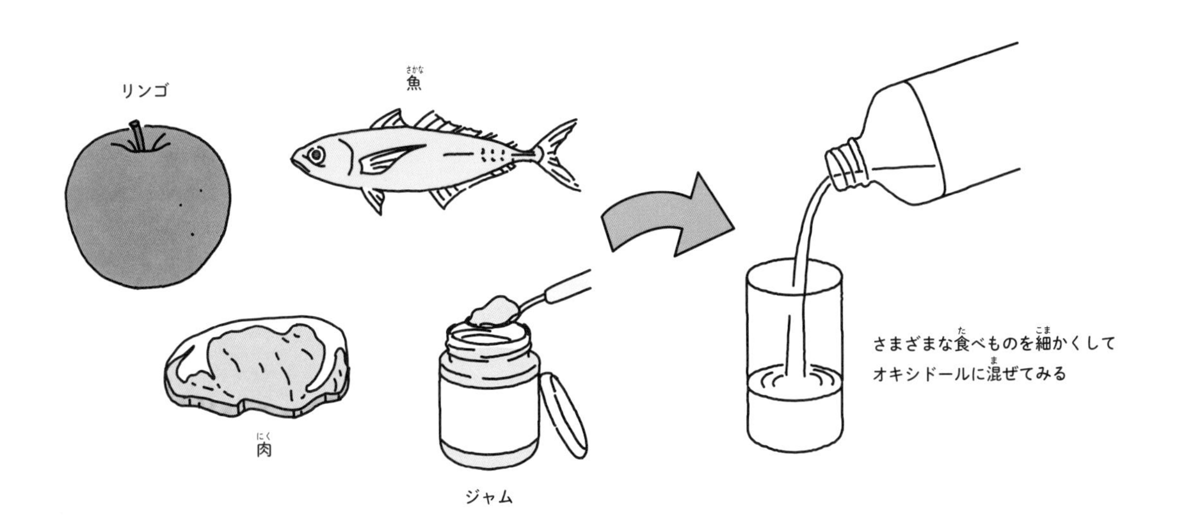

テントウムシのシーソー

かわいらしいテントウムシがストローを登っています。
このストローはシーソーのようになっていますが、
このあとどうなるのか見てみましょう。

用意するもの

ストローは太めで、曲がらないものを２本用意します。針は太いものと細いものであれば、ぬい針と待ち針である必要はありません。
テントウムシは数匹つかまえてきて、動きのちがいなどを観察してみましょう。

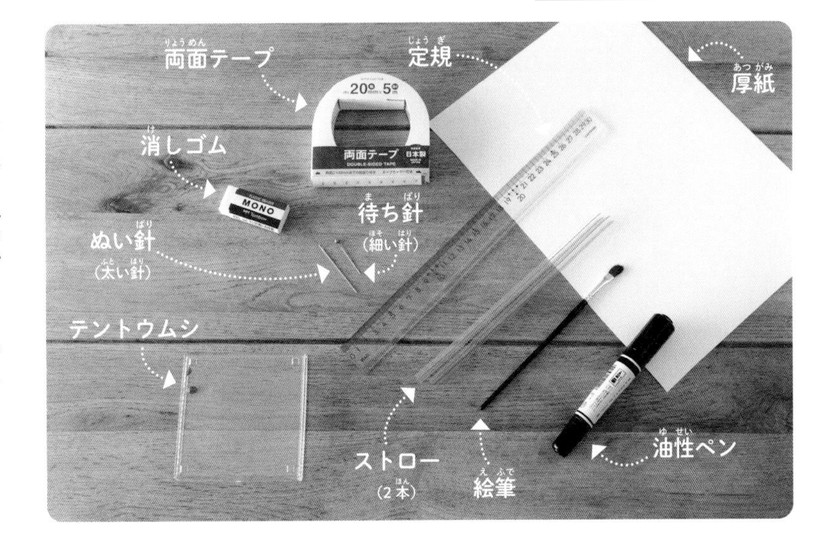

手順

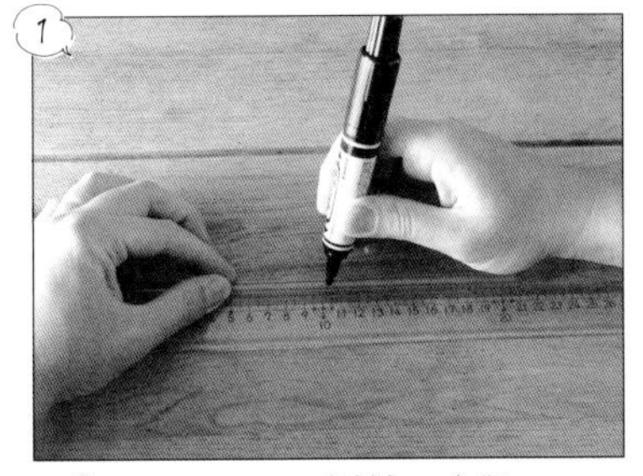

1　１本のストローの中央に油性ペンで印をつける。

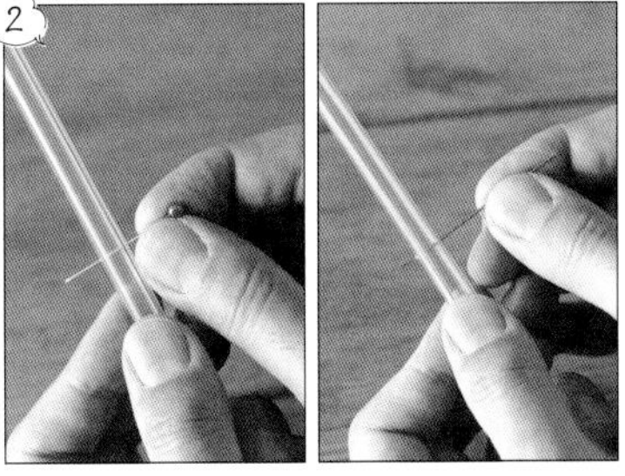

2　1の印の部分に待ち針（細い針）で穴をあけ、ぬい針（太い針）で穴を広げる。

3　もう１本のストローの、上から１～2㎝ほどのところに待ち針（細い針）で穴をあける。

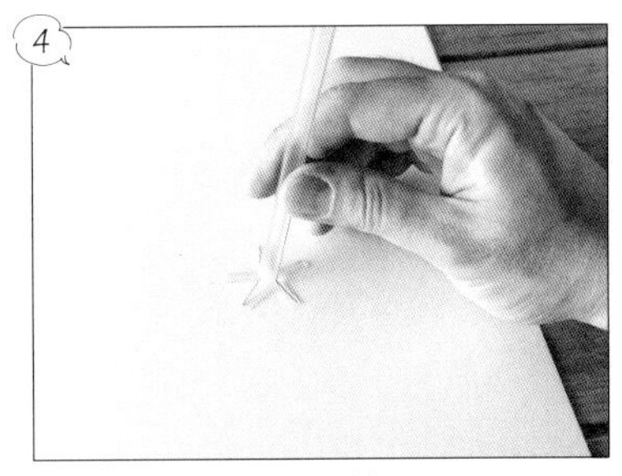

4　3のストローの、穴をあけたのとは反対側に５か所切り込みを入れて広げる。

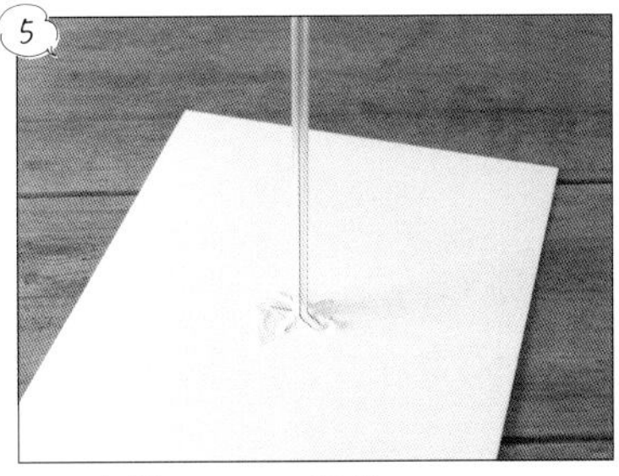

5　4を両面テープで厚紙にはりつける。

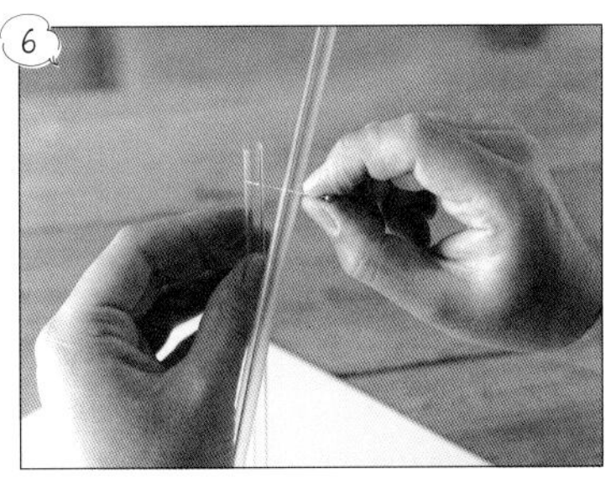

6　2と3の穴に待ち針を通して、２本のストローをつなげる。

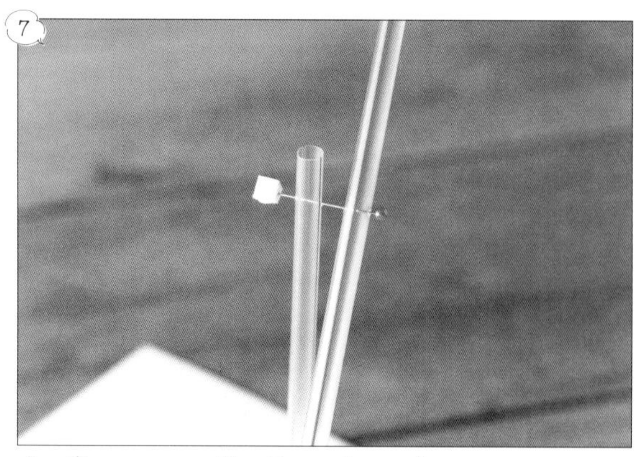

待ち針のとがった側に小さく切った消しゴムをさす。

絵筆にのせたテントウムシを、7の動くほうのストローにのせる。

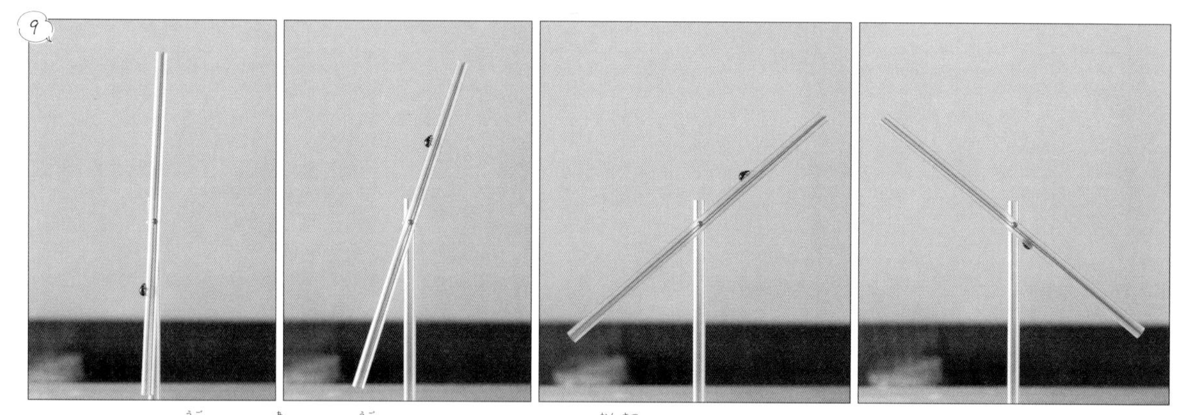

テントウムシが動くのに合わせて動くシーソーのようすを観察する。

ここに注意！

テントウムシは、個体によって性格にちがいがあります。すぐに飛んでしまい、実験がうまくいかない場合もあるので、できればテントウムシは数匹用意するようにしましょう。ここではナナホシテントウの実験を紹介しましたが、ほかのテントウムシでも試してみましょう。

どうしてそうなるの？

テントウムシは漢字では「天道虫」と書きます。天道とは太陽のことです。つまり、いつも太陽に向かって、上に上に進もうとする虫という意味です。

テントウムシには光の方向に向かって進む、走光性という性質があります。自然界で光るものといえば太陽です。太陽は上にあるため、テントウムシも上に向かうというわけです。そのため、真っ暗な部屋で下を電球などで明るくするとテントウムシは下に向かいます。

ちょいとひと工夫！

天道虫は「上に進む」以外にもおもしろい動きや性質があります。テントウムシを飼育してみて、さまざまな動きなどを観察してみましょう。テントウムシを飼育するためにはエサとなるアブラムシを植物ごと持って帰ります。

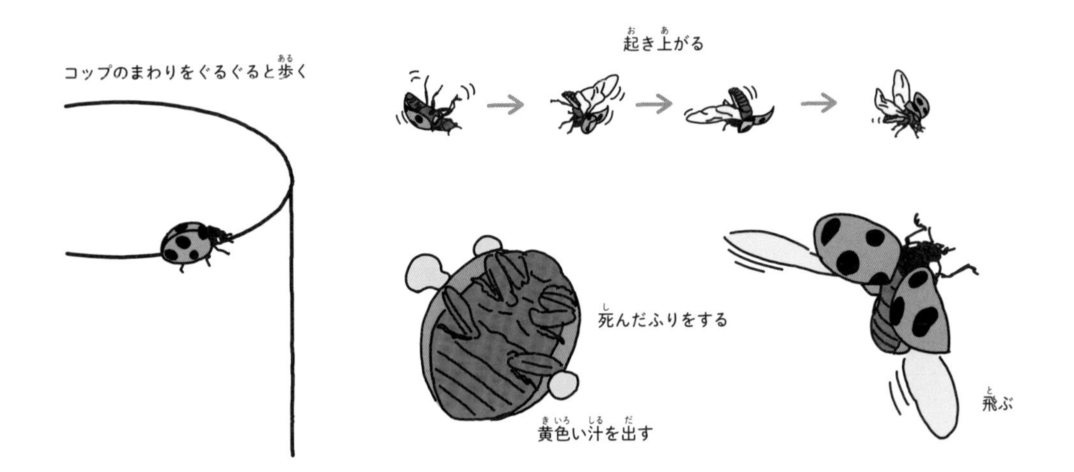

メダカをあやつる

しましまもようの壁にそって、
メダカが一方向に泳いでいます。
たまたま向きがそろった……？
いえいえ、しましまに
秘密があるのです。

用意するもの

メダカは3〜5匹いたほうが実験結果がわかりやすくなります。円柱形の花瓶などは直径と高さが10〜12㎝ほどで透明なものであれば、花瓶でなくても問題ありません。

手順

1 円柱形の花瓶の高さと同じ幅に画用紙を切り、花瓶をぐるっと囲める長さの帯にする。

2 2㎝の幅の白黒になるように、①にサインペンで塗っていく。

3 ②を円柱形の花瓶に巻き、少しゆるい状態でセロハンテープでとめ、筒にする。

4 ③の外側に5㎝ほどに切ったストローをセロハンテープではりつける。

5 水槽から円柱形の花瓶に、深さ5㎝ほどになるように水を移す。

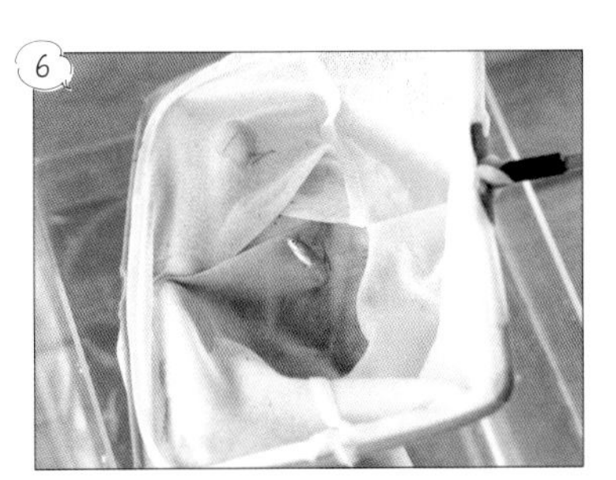

6 ⑤の花瓶にメダカを3〜5匹入れる。

⑥の水をスプーンでゆっくり混ぜて、水流を作り、メダカがどう泳ぐか確認する。

⑦の水流を止めて④をかぶせる。ストローに竹ぐしを入れ、筒を一方向にゆっくり回転させる。

筒を回転させながら、メダカがどのように泳ぐのかを観察する。

実験が終わったら、水槽にメダカをもどす。

ここに注意！

水道水にはカルキという魚に悪影響のある物質が含まれています。そのため、実験をするときにメダカを入れる水は、水道水を使ってはいけません。かならず水槽の水を取って使うようにしましょう。

どうしてそうなるの？

126ページの⑦を見るとわかるように、メダカは水流があると、水流に逆らう向きに泳ぎます。これは、川などでは水流に逆らっていないと、海まで流されてしまうからです。
また、メダカはまわりの景色が一方向に動いていると、自分が水流に流されていると勘ちがいをします。そのため、水流がない状態でも、一方向に動くしまもように合わせるように泳ぐのです。

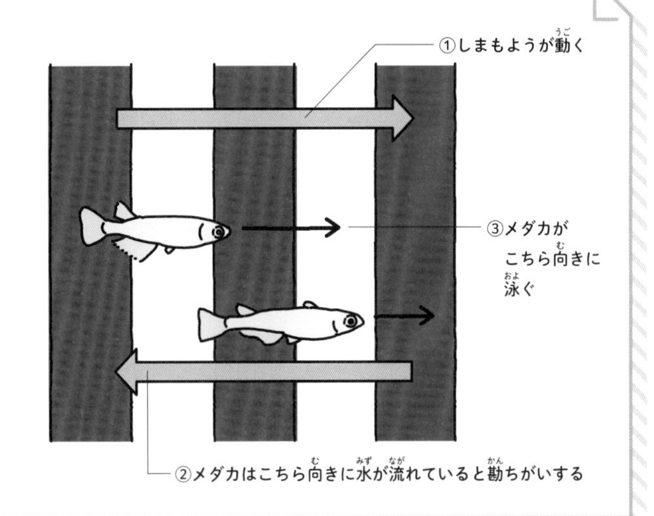

ちょいとひと工夫！

しまもようの筒を動かす速さを変えたり、急に回転方向を変えたりしたら、メダカはどうなるでしょうか。また、しまもようではなく、たとえば水玉もようなどにしたらメダカはどう動くでしょうか。試してみましょう。

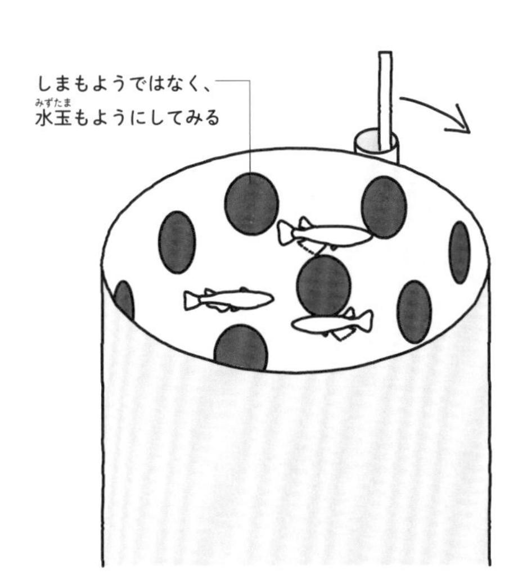

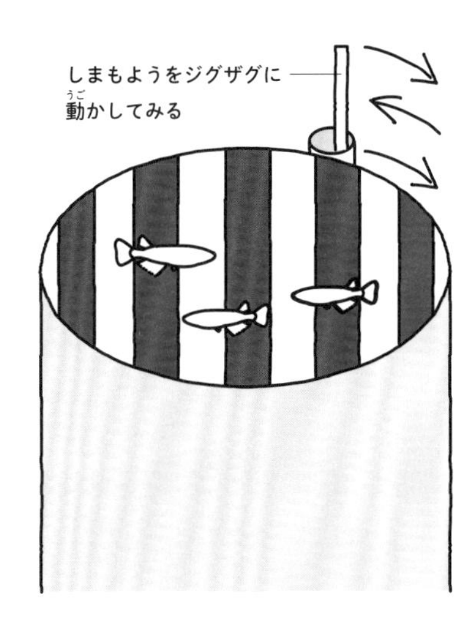

色が変わる水

光を受けてきれいに光る色水。
これはもともと紫キャベツから作られた、
同じ色の水でした。
酢や重曹を加えると色が変わっていきます。

用意するもの

紫キャベツは1玉の4分の1を使います。重曹は、台所のそうじなどに使う粉状のものを用意します。ドラッグストアなどで買うことができます。

手順

1 実験の準備をする。手を切らないように注意しながら、紫キャベツを千切りにし、ラップにくるんで冷凍庫で凍らせる。

2 鍋に半分ほど水を入れ、ふっとうさせる。

3 ②の鍋に凍らせた紫キャベツを入れ、火を止めて15分ほど待つ。

4 ③をザルでこす。紫キャベツはゆで野菜として食べられる。

5 液の色を確認し、紫色がうすいようであれば④のキャベツとともに鍋にもどし、色が出るまで待つ。

6

プラスチックのコップ２つに⑤を取り分け、１つには酢を、もう１つには重曹水をスポイトで入れる。（重曹水は水 100mL に重曹大さじ１を加えて作る。）

7

酢と重曹水を加えた液をそれぞれ別の割りばしで混ぜ、色の変化を観察する。

8

酢や重曹水を加える量を変えるとさまざまな色の液を作ることができる。どのように変化するのかを観察しながら実験をする。

ここに注意！

酢を入れたスポイトを洗わずに重曹水に使うと、酢と重曹水が混じり合ってしまって、実験がうまくいかなくなるときがあります。スポイトは、使ったらめんどうでも１回１回洗うようにしましょう。

どうしてそうなるの？

紫キャベツにはアントシアニンという物質が含まれています。この物質が酸性の酢やアルカリ性の重曹水を加えることで変化して色が変わるのです。紫キャベツの液の色は右のように変化をするので、紫キャベツの液を使うことで、混ぜる液が酸性、中性、アルカリ性のどれなのかを知ることができます。
アントシアニンは紫キャベツ以外では朝顔やパンジー、ナスなどにも含まれていて、それらでも同じように実験ができます。

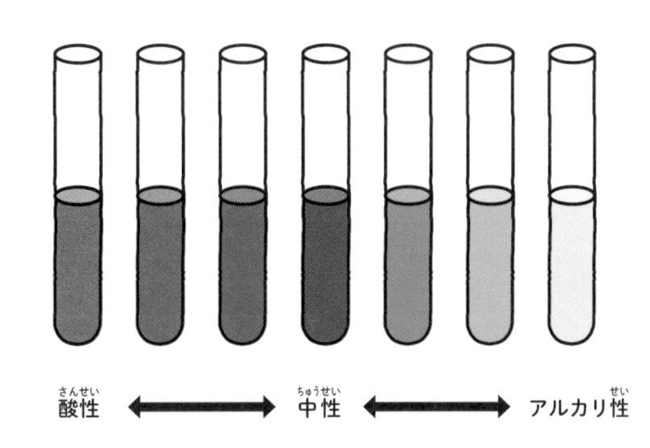

ちょいとひと工夫！

紫キャベツの液を使って、身近にある液体が酸性なのかアルカリ性なのかを調べてみましょう。ただし、危険なガスが発生することがあるので、調べる液同士は絶対に混ざらないようにしましょう。

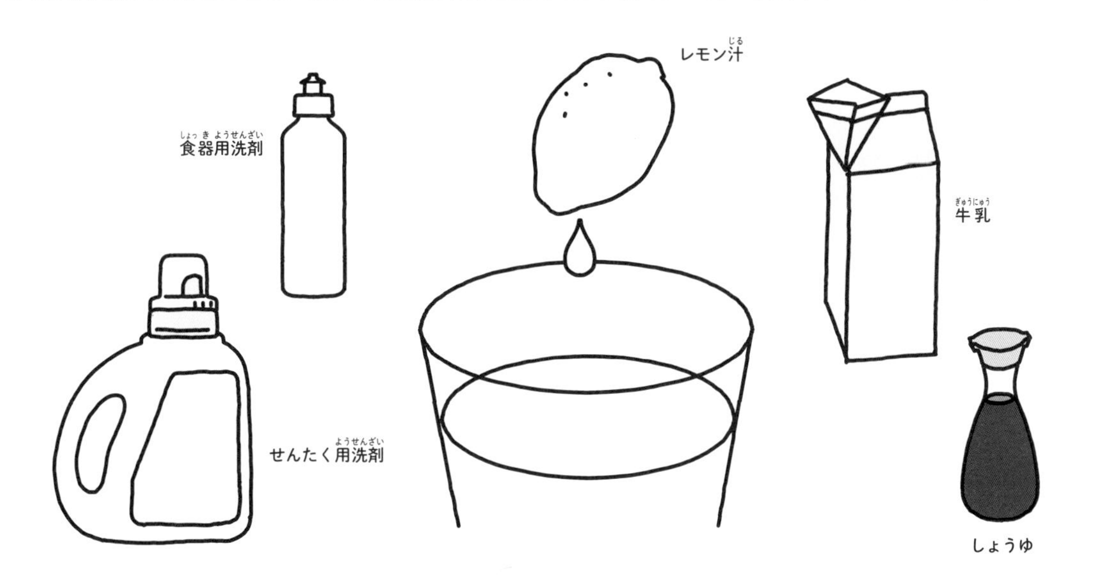

色の変わる花

花瓶に入った色とりどりの花。
でも、よく見るとすべて同じ種類の花です。
どうしてちがう色なのでしょうか？
その秘密は植物の「水を吸い上げる力」にあります。

用意するもの

白い花は何の花でも問題ありませんが、大きな花のほうが色の変化がわかりやすくなります。色の変化を見るために3本以上用意しましょう。食紅は花の本数と同じだけ色を用意します。

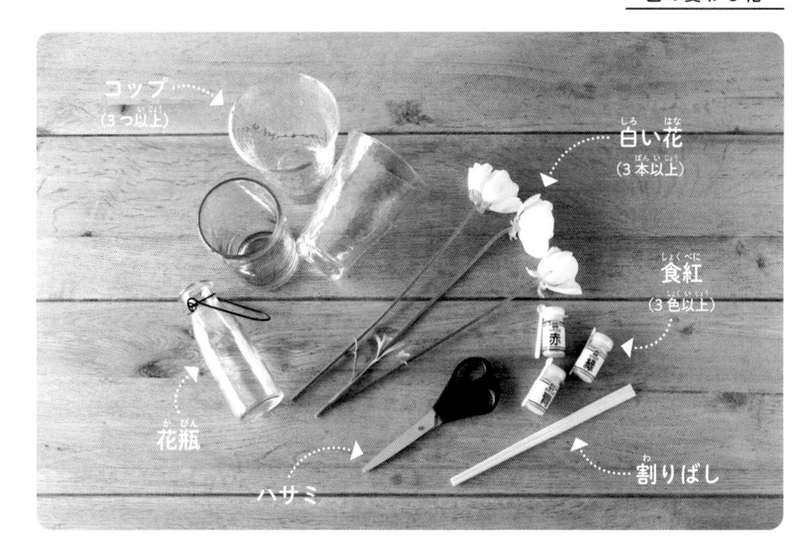

手順

1 コップに水を入れ、食紅を入れてよく混ぜる。色を変えて花の本数分の色水を作る。

2 色水は濃いめの色になるように、入れる食紅の量を調整する。

3 花の茎を斜めに切る。

4 3の花をそれぞれ、色水の入ったコップに立てる。

5

花の色の変化を観察する。2時間ほどでぼんやりと色がつき出し、半日ほどするとはっきりと色のちがいがわかるようになる。

6

しっかりと色がついたら花を色水から取り出し、水を入れた花瓶に入れる。

7

どのように花に色がついているのかを観察する。

ここに注意！

花の茎を斜めに切ってから色水につけるのは、切り口が広いほうが、花が水を吸い上げやすくなるためです。ハサミの切れ味が悪く、スパッと切れていないと、水の吸い上げが悪くなり、実験がうまくいかないことがあります。切れ味のいいハサミを使うようにしましょう。

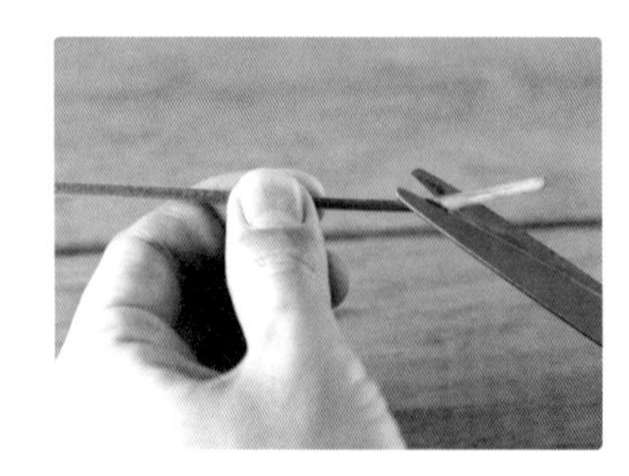

どうしてそうなるの？

右の写真は今回実験で使った花の茎をうすく切って顕微鏡で見たところです。外側に緑色の小さな丸が並んでいるのが見えますが、これは、植物が水や養分を運ぶための管の集まり「維管束」です。緑色に見えるのは維管束が食紅の色に染まっているためです。維管束は花びらにもあるため、白い花の場合は食紅の色に染まります。花をよく見ると134ページの⑦のように、維管束のようすを観察することができます。

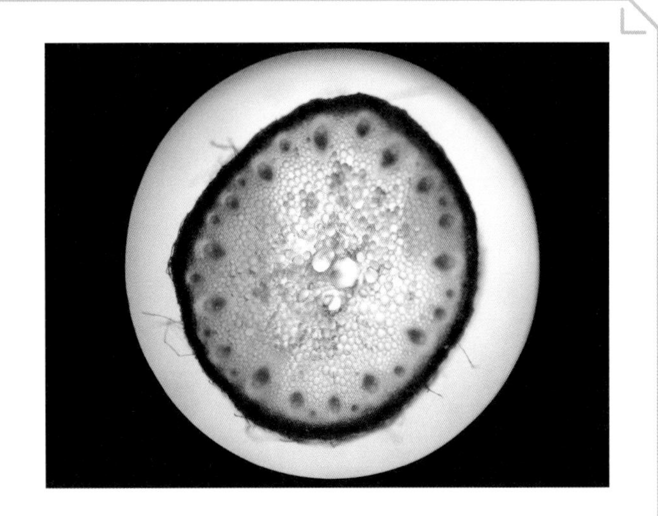

ちょいとひと工夫！

花の茎を縦にさいて、それぞれをちがう色の色水につけると花は2色に染まります。茎を3～4つにさいて同じようにちがう色水につけると、花の色は3～4色に染まります。どのように染まるのか確かめてみましょう。

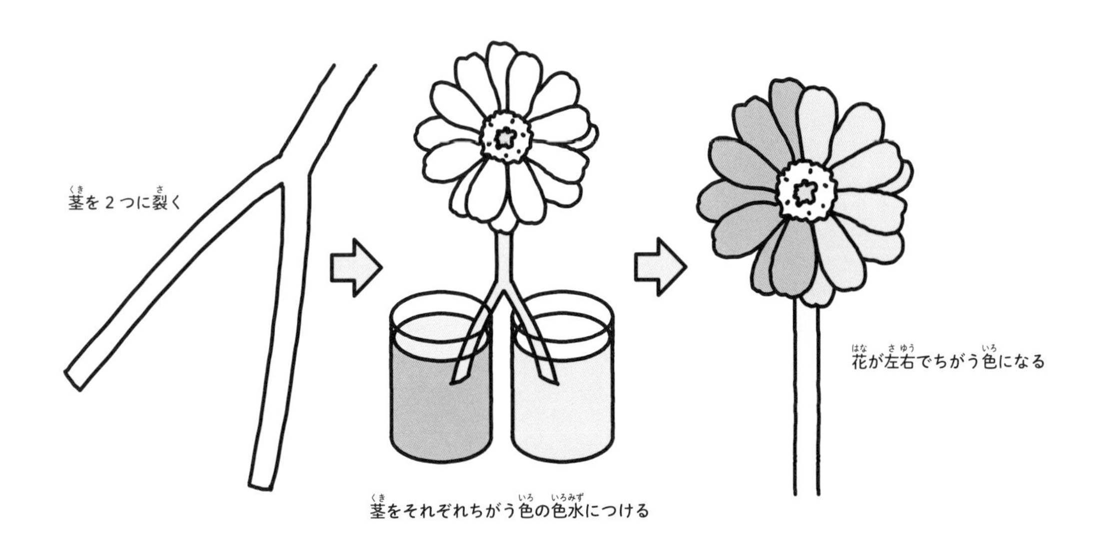

タマネギの皮の染物

自然な風合いのハンカチ。
この色のもととなっているのは、
何とタマネギの皮。
どうやったらこんなに
鮮やかな色を出せるのでしょうか。

用意するもの

タマネギの皮は30g用意します。焼きミョウバンは漬物の色を抜けにくくするために使うもので、スーパーマーケットなどで買えます。木綿のハンカチは白で、うすいものを1～2枚使います。ザルやボウル、鍋はステンレス製かホーロー、ガラスのものを使いましょう。

手順

1 鍋に2Lほどの水を入れてふっとうさせる。タマネギの皮を入れ、30分煮る。

2 ボウルにザルをかぶせて①をこし、タマネギの皮は捨てる。

3 鍋に500mLの水と焼きミョウバン15gを入れ、割りばしで混ぜながら15分加熱して溶かす。溶けきらなくてもよい。

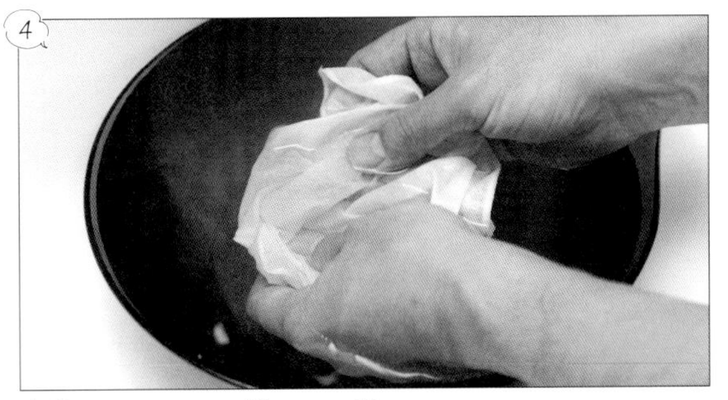

4 木綿のハンカチを水でよく洗い、かたくしぼる。

5

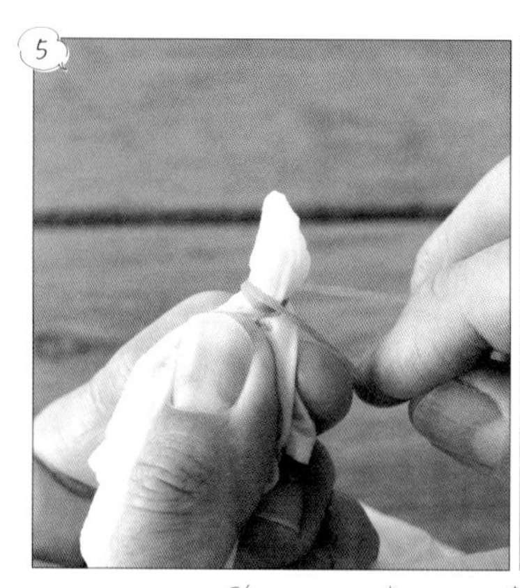

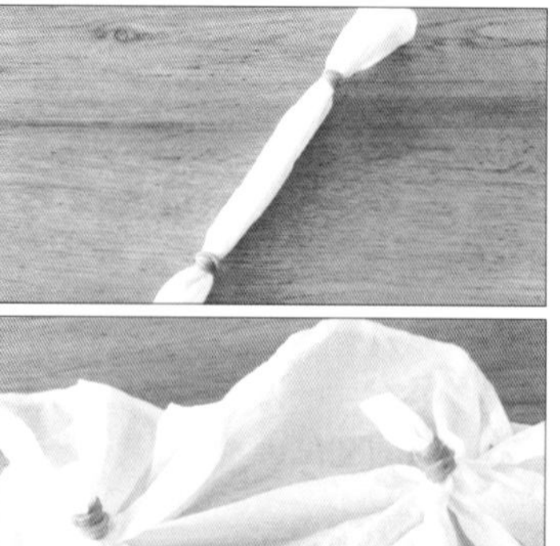

4 にもようを作るための輪ゴムを巻く。右上のように輪ゴムを巻くと直線、右下のように巻くと円のもようができる。

6

ゴム手袋をして、5 を 2 の液に 30 分ほどつける。

7

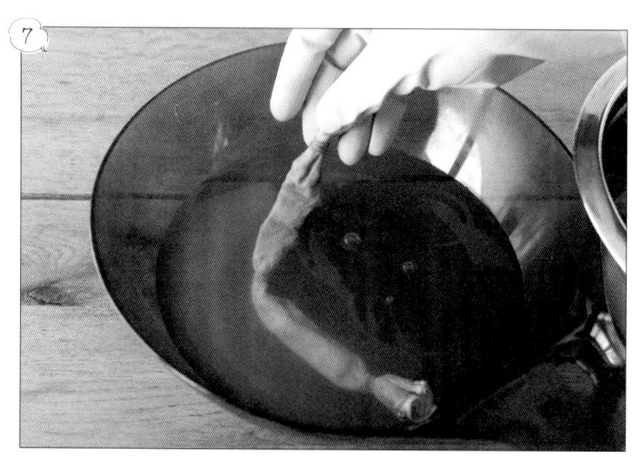

6 をしぼり、3 の液に 15 分ほどつける。

8

7 のハンカチを液から出し、水でよく洗ってしぼる。ほして乾いたら完成。

ここに注意！

この実験で使う鍋はかならずステンレス製のものを使うようにしましょう。鉄や銅、アルミ製のものを使うと、色が変わってしまい、実験がうまくいかなくなります。ステンレス製のものがなければ、ガラス製やホーロー製のものでも実験できます。

どうしてそうなるの？

タマネギの皮の色水でハンカチを染めただけだと、水で洗えば色が落ちてしまいます。しかし、焼きミョウバンを溶かした水につけることで、色が落ちにくくなります。これは、焼きミョウバンに含まれる硫酸アルミニウムカリウムという物質がハンカチの繊維に色を固定する働きをするためです。

焼きミョウバンを使うと色落ちを防げるだけでなく、色が鮮やかになります。焼きミョウバン液につける前（左）とあと（右）の色を見比べてみましょう。

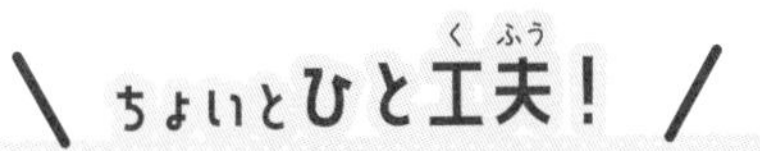

ここで紹介した実験は「草木染」といって、さまざまな植物を使って布を染める方法の１つです。タマネギの皮以外にも濃く出したコーヒーや紅茶、緑茶などでも染めることができるので、試してみましょう。

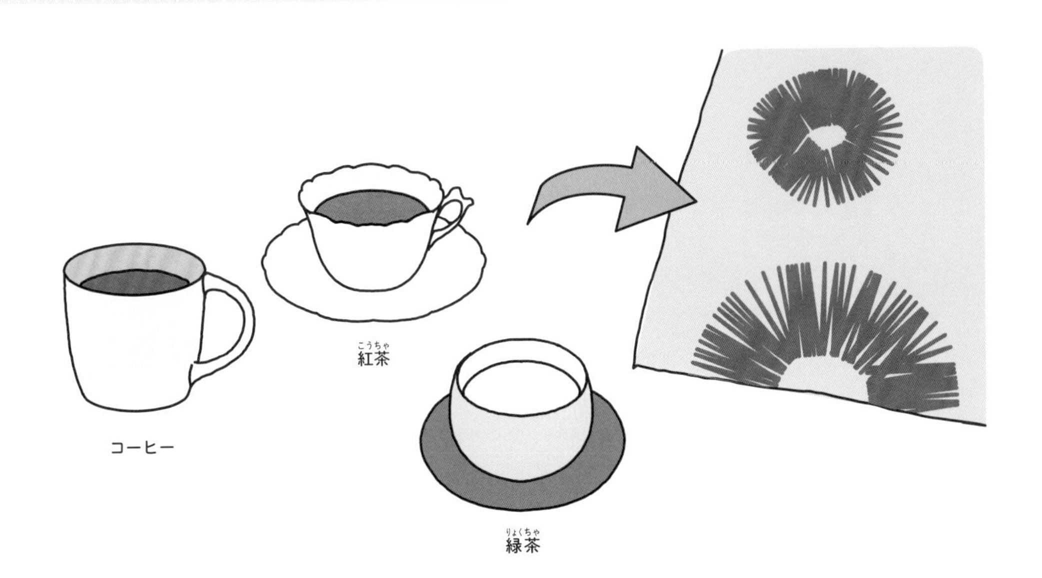

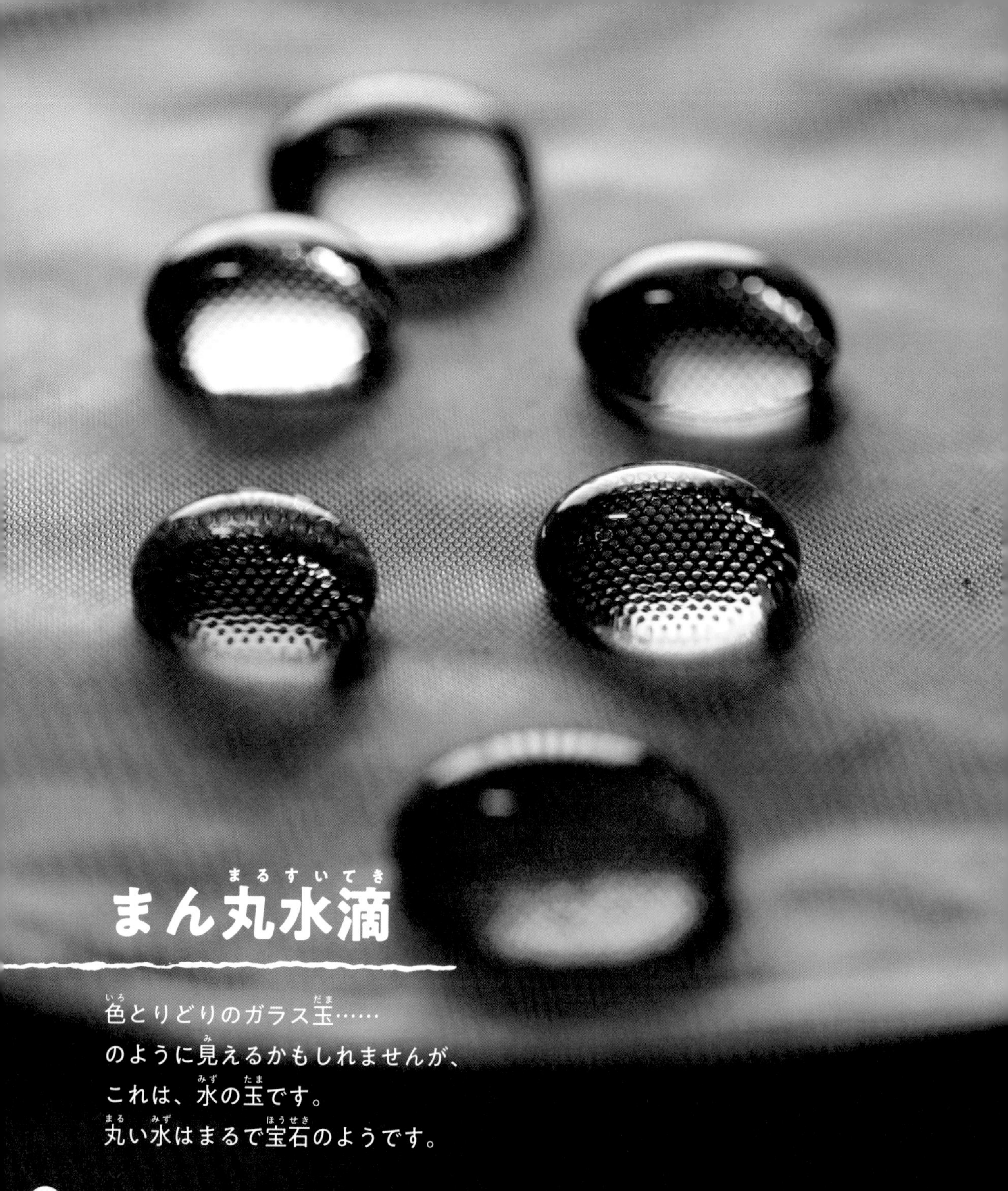

まん丸水滴

色とりどりのガラス玉……
のように見えるかもしれませんが、
これは、水の玉です。
丸い水はまるで宝石のようです。

用意するもの

植物の葉は学校などで先生などの許可をもらってつんできます。表面の質感がちがうものを選びましょう。ヨーグルトのふたは、裏面がざらざらして水をよくはじくものを用意します。

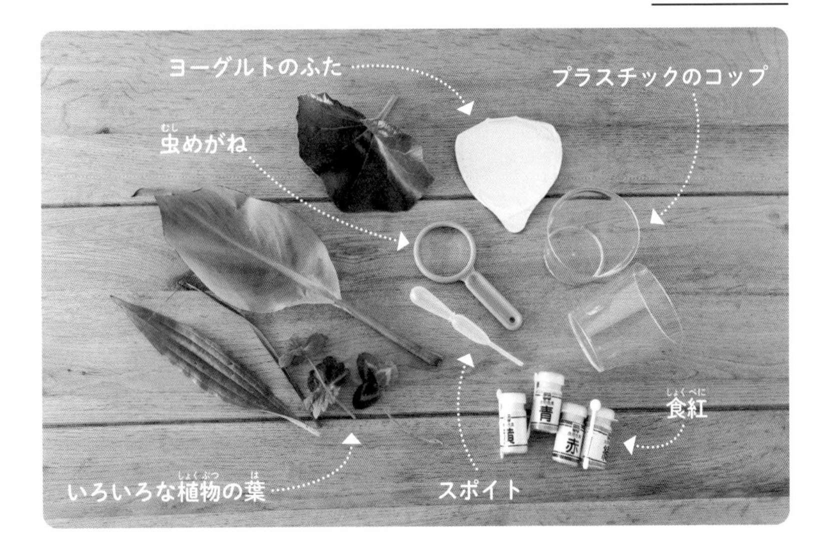

手順

1 雑草などの葉をつむ。表面がザラザラしているものやツルツルしているものなど、さまざまな質感のものを選ぶ。

2 コップに水をくむ。

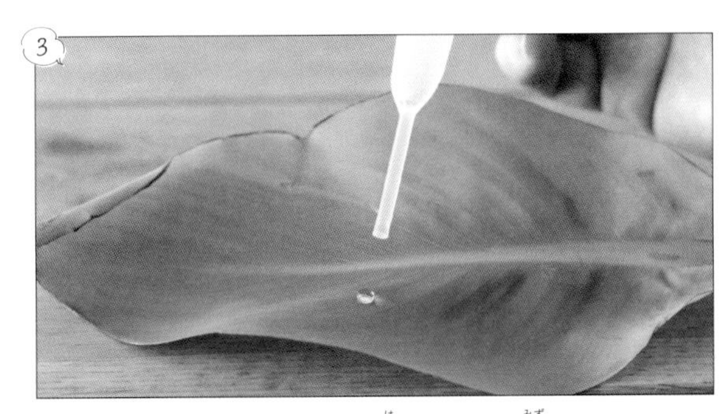

3 1でつんできたそれぞれの葉に、2の水をスポイトで1滴ずつたらす。

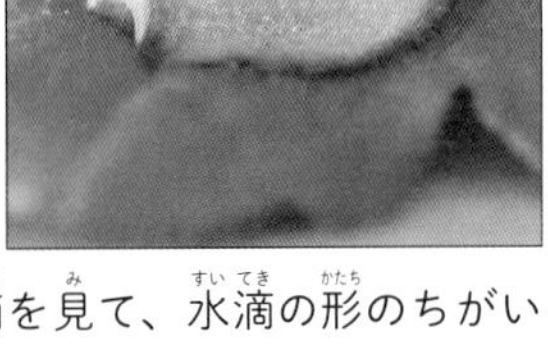

4 虫めがねを使って3の水滴を見て、水滴の形のちがいを観察する。

5

プラスチックのコップに入れた水に食紅を入れ、色水を作る。

6

植物の葉と同じように水滴が玉になるヨーグルトのふたに、大きさを変えた水滴をたらす。

7

真横から虫めがねを使って6を観察する。水滴は小さいほど丸く、大きいほど平べったくなる。

ここに注意！

ヨーグルトのふたに水滴をたらすと、少しふたを動かしただけで水滴がコロコロと転がって落ちてしまいます。そのため、実験をするときにはヨーグルトのふたは手に持たず、机などに置くようにしましょう。

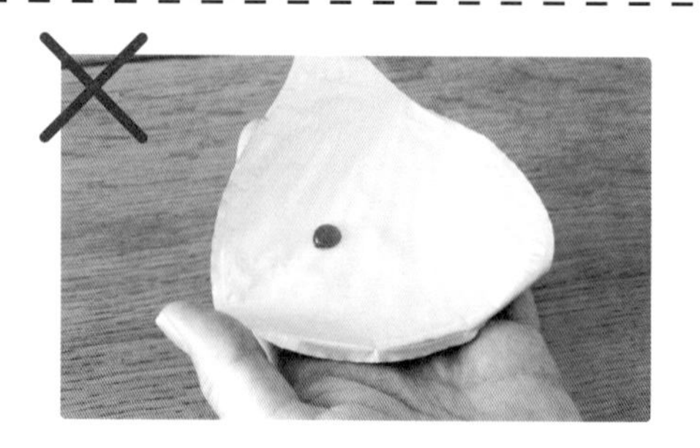

どうしてそうなるの？

植物の葉の表面には目には見えない細かなデコボコがあります。このデコボコがクッションとなって水滴を支えるため、植物の葉の上では水滴が丸くなるのです。このように細かなデコボコによって水をはじくことを「ロータス効果」といいます。ハスやサトイモ（右）の葉のロータス効果がとくに有名です。
ヨーグルトのふたは植物のロータス効果をまねて作られたもので、表面には細かなデコボコがついています。

ちょいとひと工夫！

身近なところにもロータス効果が活用されているものが多くあります。フライパンや傘、撥水性のくつや服など、さまざまなものに水滴を落として、水滴のでき方を観察してみましょう。

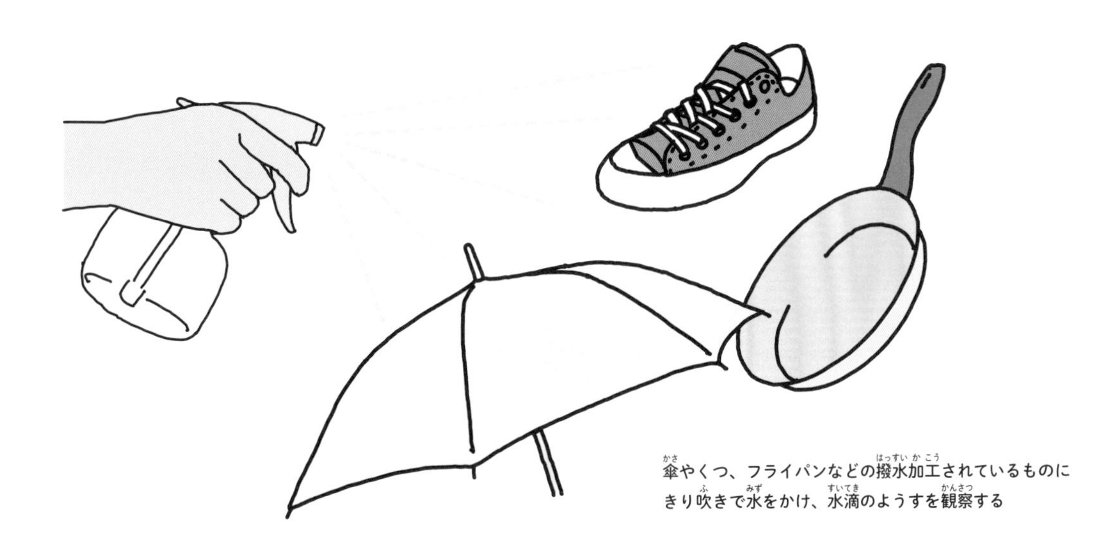

傘やくつ、フライパンなどの撥水加工されているものにきり吹きで水をかけ、水滴のようすを観察する

スケスケ卵

卵のような形ですが、
うっすら透けて、何だかやわらかそうです。
これは卵……？
正体はまちがいなく卵なのです。

用意するもの

ウズラの卵が用意できないときは、ニワトリの卵でも実験をすることができます。ニワトリの卵の場合は、ウズラの卵の場合よりも時間がかかります。

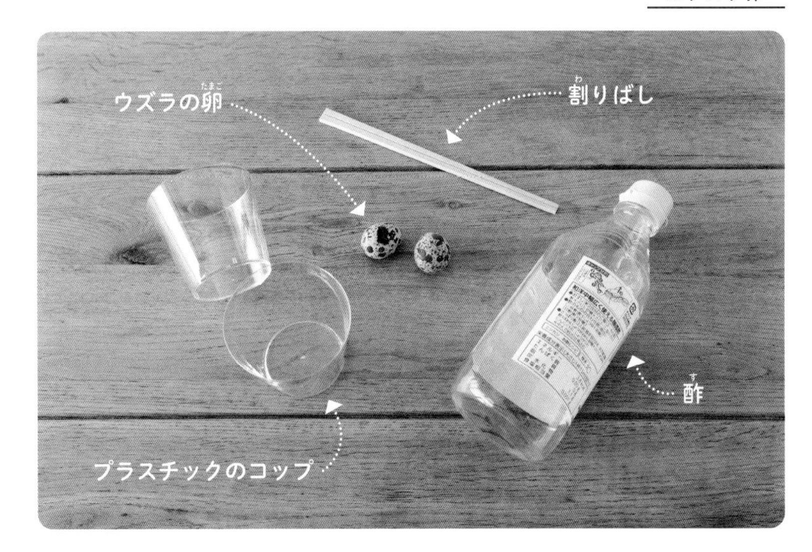

手順

1 ウズラの卵をプラスチックのコップに入れる。

2 1のコップに、卵が完全につかるように酢を入れる。

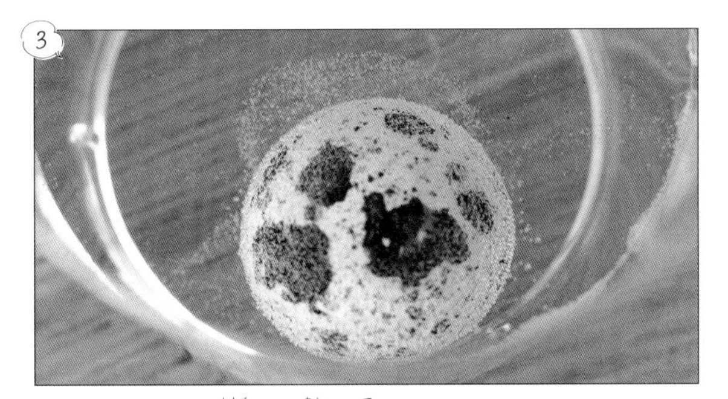

3 しばらくすると卵から泡が出てくる。

4 泡が増えてくると卵が浮くので、そっとかき混ぜて卵を沈める。

5

30分ほど経つと、からのもようがはがれてくるので、変わっていくようすを観察する。

6

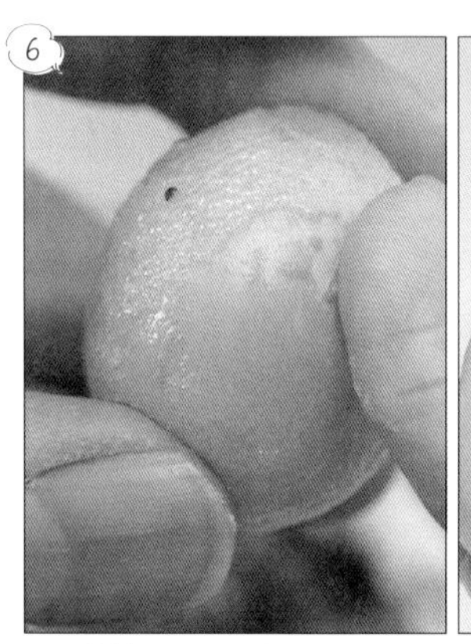
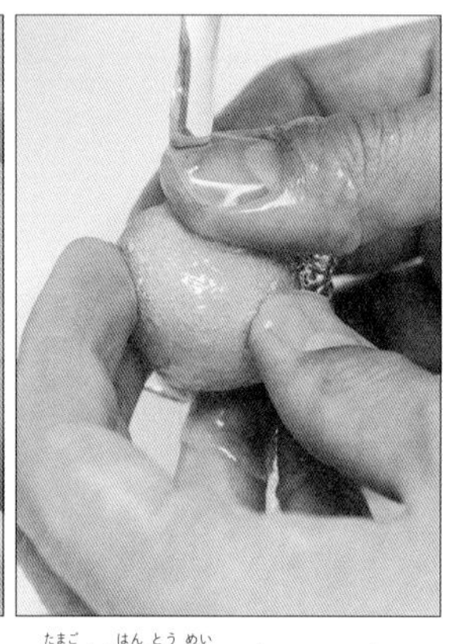

12時間くらい酢につけると、卵が半透明になってくる。表面のぬめりを洗い流してまた酢につける。

7

卵のからが完全に溶けて白い部分がなくなったら完成。光を透かすと黄身の位置を確認できる。

ここに注意！

夏場に実験をするときには、ウズラの卵が腐ってしまうおそれがあるので、酢につけたら冷蔵庫で保管するようにしましょう。冷蔵庫で保管していても、問題なく実験することができます。1時間ごとに取り出して卵の変化を観察するようにしましょう。

どうしてそうなるの？

酢には酢酸という酸性の物質が含まれていて、ウズラの卵のからの成分である炭酸カルシウムを溶かします。また、卵の下にあるうすい膜はおもにたんぱく質という物質でできていて、酢酸で溶けることはありません。
酢の酢酸によって表面のからだけが溶け、下の膜が残るため、スケスケでブヨブヨした卵になるのです。

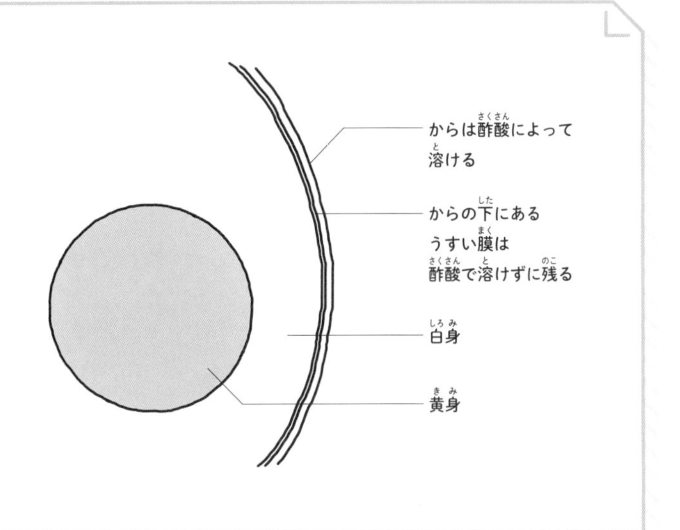

ちょいとひと工夫！

酸性の液体であれば酢でなくても、同じ実験をすることができます。レモン汁も酸性の液体なので、レモン汁でどのように卵のからが溶けるのかを試してみましょう。また、ニワトリの卵ではどのような結果になるでしょうか。

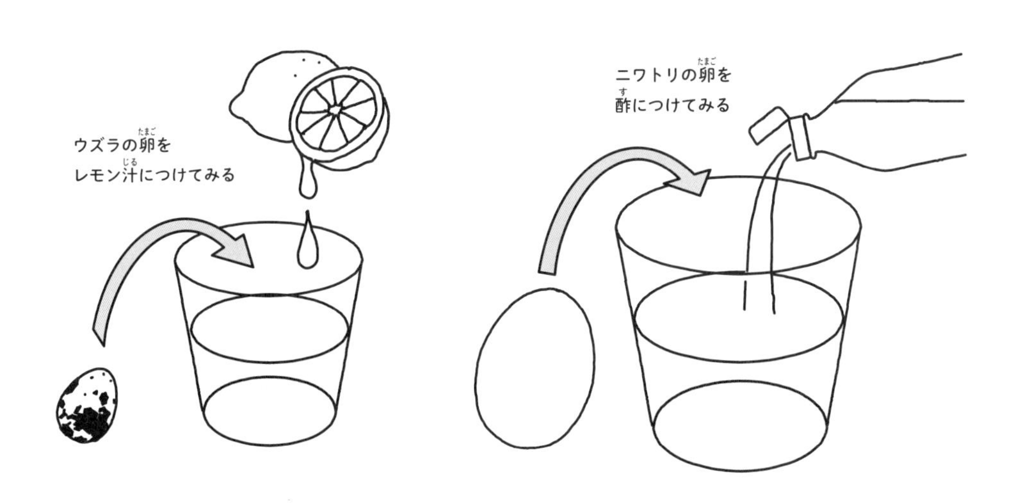

生きもの・植物のふしぎを探す

動物や魚、昆虫、植物だって、人間と同じ生きものですが、人間とはまるでちがった生態をしています。そのため、少し観察をしてみるだけでもふしぎがいっぱい。公園などに行って、さまざまな生きものや植物のふしぎを探してみましょう。

カメやカエルは冬にどこにいく？

カメやカエルなどの生きものは、気温によって体温が変わる変温動物です。冬の間、気温が低いと体温も下がって活動できなくなるため、泥のなかなどで冬眠をしています。

魚はなぜ水中で息ができる？

地上で暮らす生きものは肺に空気を吸い込んで、空気の中の酸素を体に取り入れることで生きることができます。魚など水中にくらす生きものの多くは肺の代わりにエラという器官をもっていて、エラで水中の酸素を体に取り入れています。

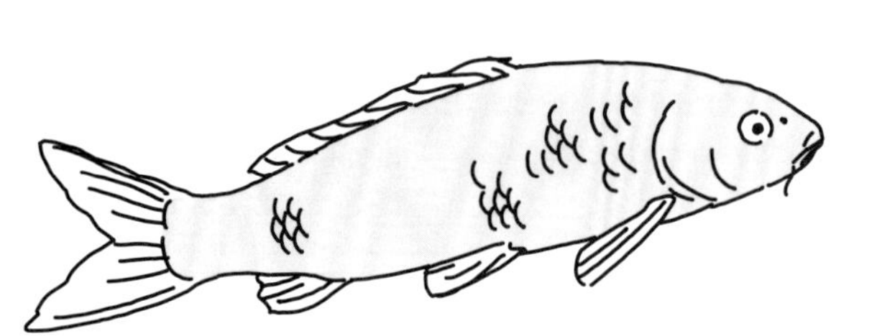

植物の葉はなぜ緑色？

植物は生きていくための養分を作り出すために、太陽の光と二酸化炭素を使って光合成をします。光合成は葉緑体という細胞の中の小器官で行われます。その葉緑体が緑色のため、植物の葉などは緑色をしているのです。

セミはどうして大きな声を出せる？

セミのおなかの中は空洞になっていて、発音筋という筋肉が2つあります。発音筋を使っておなかをふるわせ、その音をおなかの空洞に響かせることで、セミは大きな声を出せるのです。

イヌはなぜ舌を出す？

暑いときや走ったあとなどに、イヌは舌を出して激しく息をします。イヌは人間とちがい、体に汗をかいて体温を下げることができません。そのため、口や舌から熱を逃がすことで体温を下げようとしているのです。

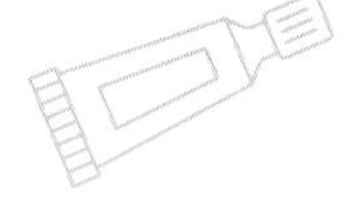

おわりに

　興味をもったり、ふしぎに思ったりしたことを、実際に試して確かめてみることが実験です。そのため、実験とはじつは特別なことではありません。

　この本では、楽しそうな実験、見た目がきれいな実験を多く紹介しました。それはみなさんにとっては「特別」だったかもしれません。でも、たくさん実験をしていると、たとえば「風ってどうして吹くの？」や「水ってどうしてなくならないの？」のような特別ではない、身近な小さな疑問であっても実験のテーマになるということに気づくでしょう。

　これこそが重要なことです。

今、私たちが使っている便利な道具などもそうした小さな疑問から生み出されたものが多くあります。もしかすると、小さな疑問について真剣に考えて実験をくり返し、研究をした先に「大発見」があるのかもしれません。

この本を通して、みなさんにそうした「小さな疑問」を見逃さない目を育ててほしいと思っています。それはかならずしも研究者を目指してほしいということではありません。疑問をもって考えることは、日常生活のさまざまな場面で役に立つのです。いろいろなことを「研究」する習慣を身につけ、生活を豊かにしていきましょう。

あ

圧力

決まった面積に働く力のこと。

アルカリ性

水酸化ナトリウムや水酸化カルシウムなどを溶かした液体がもつ性質のこと。皮ふなどのタンパク質などを溶かす性質がある。

え

液体

物質の三態の１つで、物質を作る原子や分子の結びつきが固体ほど強くなく、気体ほど弱くない状態のこと。

エタノール

消毒に使われるアルコール。

エネルギー

物体の位置や形、温度などを変える能力のこと。運動エネルギーや位置エネルギー、熱エネルギー、電気エネルギーなどさまざまな種類がある。

遠心力

ものを振り回したときに発生する、ものが外に引きつけられる方向に働く力のこと。

お

オキシドール

消毒薬の一種。過酸化水素水ともいう。

温度

熱い、冷たいを数値で表したもの。温度が高いほど熱くなる。

か

回折

波が障害物の後ろに回り込んで進むこと。

界面活性剤

液体のもつ表面張力を弱める働きをする物質。洗剤に使われている。

化合物

分子のうち、２種類以上の原子が結びついてできたもの。たとえば、水素原子２つと酸素原子１つが結びつくと水分子となる。

き

気圧

気体の圧力のこと。気圧が高いと天気がよくなり、低いと悪くなる。

気体

物質の三態の１つで、物質を作る原子や分子の結びつきが弱く、ばらばらに散っている状態。空気はさまざまな気体が混じったもの。

く

空気

地球を取り囲む気体。約 80％が窒素、約 20％が酸素、そのほか、二酸化炭素などのわずかな気体が含まれる。

屈折

光がある物質から別の物質へ入るときに、曲がって進むこと。

け

結晶

物体を作る原子や分子が規則正しく並んだ固体。原子や分子の種類によってさまざまな形になる。

原子

酸素や水素などのような、物質を作る最小の粒。

こ

光合成

植物が太陽の光と二酸化炭素を使って養分を作ること。

固体

物質の三態の１つで、物質を作る原子や分子が規則正しく並び、強く結びついている状態。

さ

酸性

酸を溶かした液体がもつ性質のこと。金属を溶かす性質などがある。

酸素

原子の１つ。酸素原子が２つくっつくことで酸素分子を作っている。

し

磁界

磁石のまわりにできる、磁力が働いている空間のこと。電流が流れている導線のまわりなどにも磁界ができる。

磁石

鉄を引きつける物質。N極とS極があり、N極とS極は引きつけ合う。N極同士、S極同士は反発し合う。

重曹

炭酸水素ナトリウムのこと。パンやケーキをふくらませるベーキングパウダーとして使われたり、台所などのそうじに使われたりする。

蒸発

液体が気体に変わること。

蒸留水

水を沸騰させてできた水蒸気を集めて冷やし、作った水のこと。不純物を含まない。

す

水蒸気

水が蒸発してできる透明な気体。

水素

原子の1つ。ふつうは水素原子が2つ結びついた水素分子として気体で存在する。

せ

静電気

物質にたまったマイナスの電気がほかの物質に流れること。

ち

中性

酸性でもアルカリ性でもない液体の性質のこと。

て

てこ

棒を1か所（支点）でささえて棒の片側（作用点）に重いものをのせ、反対側（力点）を下に押すと、重いものを小さな力で動かすことができる。このような支点、力点、作用点をもつものをてこという。

電圧

物質に電流を流そうとする力のこと。

電磁石

電流を流した導線などがもつ磁界を利用した磁石のこと。

電池

電気を流すための道具。プラス極とマイナス極があり、それらを導線などでつなぐと電流が流れる。

電流

物質の中を流れる電気のこと。プラス極からマイナス極に流れる。

に

二酸化炭素

酸素原子２つと炭素原子１つでできた気体。冷えて固まるとドライアイスになる。

虹

太陽の光が雨粒に当たって屈折することでできる７色の光の帯。

ね

燃焼

ものが燃えること。

ひ

表面張力

液体がもつ性質の１つで、表面の面積がなるべく小さくなるように、分子同士が引っぱり合う力のこと。

ふ

物質の三態

温度や圧力によって変化する物質の状態のこと。固体、液体、気体の３つがある。

沸騰

液体を加熱したときに、内部から気体が出てきている状態のこと。水は100℃で沸騰する。

浮力

液体や気体にものが浮かぶ力のこと。

分子

２つ以上の原子が結びついてできるもの。たとえば、水素原子が２つ結びつくと水素分子となる。

へ

偏光板

さまざまな方向にゆれる波として空気中を伝わる光のうち、特定方向の光の波だけを通す板。サングラスなどに使われていて、ものに反射した光をおさえる効果がある。

ほ

飽和

液体に固体を溶かし、もうこれ以上溶けることができなくなった状態。

ポリ袋

ポリエチレン製の袋のこと。

み

密度

ものがどれだけ詰まっているかを表す数値。同じ大きさのものなら密度が高いほうが重くなる。

も

毛細管現象

細い管を液体につけると、管の中を液体が上昇する現象。表面張力によって生じる。

よ

溶液

液体にさまざまな物質を溶かした液体のこと。

揚力

飛行機などが飛ぶときに、機体を持ち上げる力のこと。

れ

レンズ

凸レンズと凹レンズに大きく分けられ、光を屈折させるために使われる。

ろ

ろ過

細かいフィルターを使って液体の中に混ざっている固体をこしとること。

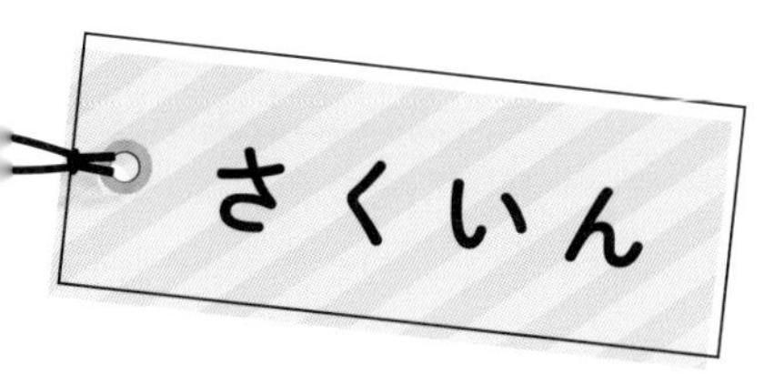

あ

アメンボ …… 72
アルカリ性 …… 131
アルソミトラ …… 39
合わせ鏡 …… 79
アントシアニン …… 131

い

維管束 …… 135
色水 …… 128

え

エネルギー …… 91

お

オーロラ …… 20
オキシドール …… 119
音 …… 51

か

貝がら …… 60
回折 …… 47
回転 …… 95
鏡 …… 79
カタラーゼ …… 119
カメラ …… 64

き

キャンドル …… 40

く

屈折 …… 71、99
雲 …… 28
グライダー …… 36
クロマトグラフィー …… 55

け

結晶 …… 59

さ

彩雲 …… 31
酢酸 …… 147

酸性（さんせい）……63、131
酸素（さんそ）……119

し

シーソー……120
塩（しお）……56
磁石（じしゃく）……80
写真（しゃしん）……44
シャボン玉（だま）……24、104
磁力（じりょく）……83
真珠層（しんじゅそう）……63
振動（しんどう）……51

す

水滴（すいてき）……140
水流（すいりゅう）……127
スーパーボール……88

そ

走光性（そうこうせい）……123
染物（そめもの）……136

た

太陽光（たいようこう）……108
卵（たまご）……144
炭酸カルシウム（たんさん）……147

て

テントウムシ……120

に

虹（にじ）……31、71、96

ね

燃焼（ねんしょう）……103

は

花（はな）……52、132
花火（はなび）……100
パラボラアンテナ……111

ひ

表面張力（ひょうめんちょうりょく）……27、75、107

へ

偏光光 …… 23
偏光板 …… 20

ほ

ホバークラフト …… 32

ま

マグヌス効果 …… 95
万華鏡 …… 76

め

メダカ …… 124

も

モーター …… 80

や

焼きミョウバン …… 139
野菜 …… 116

り

硫酸アルミニウムカリウム …… 139

れ

レンズ …… 67

ろ

ロータス効果 …… 143
ロケット …… 88、116

［ 監　修 ］

秋山幸也

1968年神奈川県生まれ。相模原市立博物館学芸員（生物担当）。小学校低学年の頃、シジュウカラに興味をもって観察を始めたのがきっかけで自然科学の世界を志した。小学生の頃から実験が大好きで、理科の時間が全部実験であってほしいと思っていた。現在は学芸員としておもに生きものについてさまざまな研究をしている。また、自然観察会の中に野外実験や理科工作の要素を取り入れたプログラムも実施している。おもな著書・監修書に『生きものつかまえたらどうする？』（偕成社、2014年）、『はじめよう！バードウォッチング』（文一総合出版、2014年）、『なんでもつかまえてみる本』（成美堂出版、2019年）、『見つける見分ける鳥の本』（成美堂出版、2020年）など。

［ スタッフ ］

実験企画　吉田雄介（キャデック）・田中つとむ
撮影　田中つとむ
本文デザイン　平田　顕（キャデック）
イラスト　鴨井　猛
DTP　ローヤル企画
編集　吉田雄介（キャデック）

電話によるお問い合わせはお受けできません。本書の内容でわからないことがある場合は、書名・質問事項（該当ページ）・氏名・住所を明記のうえ、下記まで郵送でお尋ねください。

〒162-8445　東京都新宿区新小川町1-7　成美堂出版編集部

※郵便物到着後、ご回答を発送するまでに通常1週間～10日程度かかります。あらかじめご了承ください。

発見がいっぱい！ 科学の実験

監　修　秋山幸也
発行者　深見公子
発行所　成美堂出版
〒162-8445　東京都新宿区新小川町1-7
電話(03)5206-8151　FAX(03)5206-8159
印　刷　大日本印刷株式会社

ISBN978-4-415-33408-0
落丁·乱丁などの不良本はお取り替えします
定価はカバーに表示してあります